信息技术应用创新系列丛书

走进信息技术应用创新

◎丛书主编　姚　明

◎主　　编　姚　明

◎副 主 编　纪兆华　李　炜　赵素霞

◎参　　编　程智宾　张　鹏　郭同彬　许晶晶

　　　　　　朱朝忠　田宗波　陈　靖　鲁　维

　　　　　　王　猛　汪双顶　秦　冰　张　宪

　　　　　　李　望　张守帅　李春红　陈　涛

　　　　　　吴庆敏　岳大安　陆　璜　魏道付

　　　　　　宋　丹　刘玉海

电子工业出版社

Publishing House of Electronics Industry

北京·BEIJING

内 容 简 介

本书以岗位需求为导向，培养读者的实际职业能力和职业素养。本书共 7 章，主要内容包括认识信息化产业、基础硬件、基础软件、应用软件、信息安全、产品适配与系统集成、新一代信息技术的典型应用等。本书内容丰富，结构清晰，语言简练，通过对本书的阅读和学习，读者可以深入了解信息化产业的基本知识，掌握信息化产业的发展趋势和应用场景。

本书可作为职业院校计算机相关专业的课程教材，也可作为从事信息化产业相关人员的参考用书。

图书在版编目（CIP）数据

走进信息技术应用创新 / 姚明主编. —北京：电子工业出版社，2023.11

ISBN 978-7-121-46725-7

Ⅰ．①走…　Ⅱ．①姚…　Ⅲ．①电子计算机—职业教育—教材　Ⅳ．①TP3

中国国家版本馆 CIP 数据核字（2023）第 223523 号

责任编辑：关雅莉
印　　刷：天津千鹤文化传播有限公司
装　　订：天津千鹤文化传播有限公司
出版发行：电子工业出版社
　　　　　北京市海淀区万寿路 173 信箱　邮编　100036
开　　本：787×1 092　1/16　印张：12　字数：307.2 千字
版　　次：2023 年 11 月第 1 版
印　　次：2024 年 3 月第 2 次印刷
定　　价：48.00 元

PREFACE ——— 前　言

党的二十大报告指出，要以国家战略需求为导向，集聚力量进行原创性引领性科技攻关，坚决打赢关键核心技术攻坚战。信息化产业涉及基础硬件、基础软件、应用软件、信息安全、产品适配与系统集成、新一代信息技术等多个领域，学习和掌握信息化产业涉及的相关知识，对于了解当前的信息化社会具有重要的意义。

本书坚持服务建设现代化经济体系和实现更高质量更充分就业需要，对接科技发展趋势和市场需求的职业教育理念，推动信息技术的自主创新和应用推广。本书通过场景引入，旨在帮助读者能够比较容易地了解信息化产业的知识和技术，掌握信息化产业的发展趋势和应用场景，主要内容包括认识信息化产业、基础硬件、基础软件、应用软件、信息安全、产品适配与系统集成、新一代信息技术的典型应用等。每个章节提供了思考题，帮助读者加深对所学知识的理解和应用。

本书由姚明担任主编，纪兆华、李炜、赵素霞担任副主编，参与编写的人员还有程智宾、张鹏、郭同彬、许晶晶、朱朝忠、田宗波、陈靖、鲁维、王猛、汪双顶、秦冰、张宪、李望、张守帅、李春红、陈涛、吴庆敏、岳大安、陆璜、魏道付、宋丹和刘玉海。本书在编写过程中，得到了北京大唐高鸿数据网络技术有限公司、龙芯中科技术股份有限公司、北京腾凌科技有限公司、联想集团、锐捷网络股份有限公司、统信软件技术有限公司、武汉达梦数据库股份有限公司、永中软件股份有限公司、神州学知教育咨询（北京）有限公司、安超云软件有限公司、北京中软国际教育科技股份有限公司、北京神州数码云科信息技术有限公司的大力支持和帮助，在此表示衷心的感谢。同时，本书还参考了大量的文献和资料，在此向原作者表示敬意和感谢。

由于编者水平有限，书中难免存在疏漏和不妥之处，敬请读者批评指正，以便再版时加以完善。

CONTENTS ———— 目 录

第 1 章 认识信息化产业 ……………………………………………………… 001
1.1 信息化产业概述 ……………………………………………………… 002
1.2 我国信息化产业的发展前景 ………………………………………… 006
1.3 信息化产业链全景及核心环节 ……………………………………… 008
1.4 信息化产业人才需求与岗位职责 …………………………………… 016
本章小结 ………………………………………………………………… 018
思考题 …………………………………………………………………… 018

第 2 章 基础硬件 …………………………………………………………… 019
2.1 芯片 …………………………………………………………………… 020
2.1.1 芯片的概念 ……………………………………………………… 020
2.1.2 芯片的发展历史和现状 ………………………………………… 024
2.1.3 芯片的发展机遇及发展前景 …………………………………… 026
2.1.4 与芯片相关的就业岗位 ………………………………………… 028
2.2 存储 …………………………………………………………………… 031
2.2.1 存储的概念及发展历史 ………………………………………… 031
2.2.2 存储技术的发展现状及趋势 …………………………………… 034
2.2.3 存储的关键技术及应用场景 …………………………………… 037
2.2.4 与存储相关的就业岗位 ………………………………………… 038
2.3 服务器及终端 ………………………………………………………… 039
2.3.1 服务器 …………………………………………………………… 039
2.3.2 终端 ……………………………………………………………… 045
2.3.3 国内外服务器及终端生产厂商 ………………………………… 048
2.3.4 国内厂商的服务器产品 ………………………………………… 052

2.3.5 国内厂商的终端产品 ·· 054

2.3.6 与服务器及终端相关的就业岗位 ··· 059

2.4 外围设备 ··· 060

2.4.1 外围设备的类型及发展历史 ··· 060

2.4.2 外围设备的发展趋势 ·· 064

2.4.3 国内外品牌的外围设备概况 ··· 066

2.5 网络设备 ··· 069

2.5.1 网络的概念 ··· 070

2.5.2 认识网络设备 ·· 071

2.5.3 网络设备的发展历程 ·· 074

2.5.4 与网络设备相关的就业岗位 ··· 076

本章小结 ··· 077

思考题 ··· 077

第 3 章 基础软件 ··· 079

3.1 操作系统 ··· 080

3.1.1 操作系统的基本知识 ·· 080

3.1.2 操作系统安全的重要性 ··· 081

3.1.3 操作系统的发展历程和发展前景 ·· 082

3.1.4 我国主流操作系统及技术厂商 ··· 083

3.1.5 操作系统相关的就业岗位 ·· 084

3.2 数据库 ·· 085

3.2.1 数据库的概念 ·· 085

3.2.2 数据库的相关术语、类型、特点及应用领域 ·························· 088

3.2.3 数据库安全的重要性 ·· 091

3.2.4 国内数据库厂商的发展机遇 ·· 091

3.2.5 国产数据库的发展情况 ··· 092

3.2.6 与数据库相关的就业岗位 ·· 095

3.3 中间件 ·· 096

3.3.1 中间件的概念 ·· 096

3.3.2 中间件的重要性及发展机遇 ·· 097

3.3.3 中间件的发展及分类 ·· 098

3.3.4 国内外主流中间件的产品及特点 ·· 100

3.3.5 与中间件相关的就业岗位 ·········· 102

本章小结 ·········· 103

思考题 ·········· 103

第 4 章 应用软件 ·········· 105

4.1 认识应用软件 ·········· 106

4.1.1 应用软件的概念 ·········· 106

4.1.2 我国应用软件的发展现状 ·········· 107

4.1.3 应用软件的发展机遇 ·········· 107

4.1.4 国内应用软件的发展趋势 ·········· 108

4.2 应用软件的分类 ·········· 108

4.2.1 关键基础软件 ·········· 108

4.2.2 工业软件 ·········· 112

4.2.3 行业应用软件 ·········· 114

4.2.4 新型平台软件 ·········· 115

4.2.5 嵌入式软件 ·········· 115

4.3 与应用软件相关的就业岗位 ·········· 116

本章小结 ·········· 117

思考题 ·········· 118

第 5 章 信息安全 ·········· 119

5.1 了解信息安全 ·········· 120

5.1.1 信息安全的概念 ·········· 120

5.1.2 信息安全的涉及领域、风险及相应对策 ·········· 121

5.2 信息安全行业背景 ·········· 124

5.2.1 信息安全的发展历史、现状及趋势 ·········· 124

5.2.2 信息安全的重要性、发展机遇与挑战 ·········· 128

5.2.3 信息安全的发展未来 ·········· 131

5.3 信息安全厂商及产品特点 ·········· 132

5.3.1 信息安全行业背景 ·········· 132

5.3.2 国内主流信息安全厂商 ·········· 132

5.3.3 信息安全产品矩阵 ·········· 134

5.4 与信息安全相关的就业岗位 ·········· 135

本章小结 ·· 136

思考题 ·· 136

第6章 产品适配与系统集成 ······································ 137

　6.1　产品适配 ·· 138

　　6.1.1　产品适配的概念 ··· 138

　　6.1.2　产品适配的特点 ··· 139

　6.2　适配测试应用 ··· 140

　　6.2.1　国内厂商的适配情况和适配方式 ················· 140

　　6.2.2　国内各类产品集成应用的适配方法 ············· 140

　6.3　适配测评标准 ··· 145

　　6.3.1　适配测试的定义 ··· 145

　　6.3.2　适配测试的流程 ··· 145

　　6.3.3　测评机构 ·· 146

　　6.3.4　测评标准 ·· 146

　6.4　与适配相关的就业岗位 ····································· 147

　6.5　系统集成 ·· 148

　　6.5.1　系统集成的概念 ··· 148

　　6.5.2　系统集成的发展历史 ··································· 149

　6.6　系统集成项目的管理与执行 ······························ 151

　　6.6.1　系统集成项目的特点 ··································· 151

　　6.6.2　信息化项目需要重点关注规划设计和方案论证 ··· 152

　　6.6.3　系统集成项目需要重点关注管理环节 ············ 153

　　6.6.4　信息化项目需要关注信息安全保护 ··············· 154

　6.7　与系统集成相关的就业岗位 ······························ 155

　本章小结 ·· 156

　思考题 ·· 156

第7章 新一代信息技术的典型应用 ··························· 157

　7.1　云计算 ··· 158

　　7.1.1　云计算的概念 ·· 158

　　7.1.2　我国云计算的发展现状及趋势 ····················· 159

　　7.1.3　"云"在各领域的场景 ······························· 160

      7.1.4 熟悉基于国产平台的云计算全栈架构 162

7.2   物联网 162

      7.2.1 物联网的概念 163

      7.2.2 物联网的发展历程及趋势 164

      7.2.3 物联网的应用场景 164

7.3   大数据 167

      7.3.1 大数据的概念 168

      7.3.2 大数据的关键技术 169

      7.3.3 大数据的应用场景 172

      7.3.4 国内厂商的大数据产品 174

7.4   工业互联网 175

      7.4.1 工业互联网的概念 175

      7.4.2 我国工业互联网的发展概述 176

      7.4.3 工业互联网与信息技术 177

      7.4.4 工业互联网的应用场景 178

本章小结 182

思考题 182

第 1 章
认识信息化产业

当今时代，数字化、网络化、智能化已经完全融入人们的日常生活，无论在学习、购物、出行，还是娱乐等方面，电子设备和网络都已经成为人们生活的一部分。人们当前使用的各类网络服务，背后都有着一套完整的信息系统在进行支撑。例如，学生使用计算机上网课时，需要主机、网络设备、服务器、数据库、中间件和应用软件等软/硬件的协同工作，这些软/硬件便构成了人们当前数字生活的信息技术设施。

场景 ●●●

在过去的几十年中，信息化已经融入人们生活的方方面面，同时也为信息化厂商带来了巨大的经济效益，头部信息化企业早已比肩甚至超越能源、金融类企业，成为盈利能力较强的一类企业。然而，在信息化行业中并不是所有的企业都具备很强的盈利能力，绝大部分信息化企业之间的竞争主要集中在产业下游的应用类信息技术领域，包括整机设备组装、应用软件开发、低端电子器件制造、系统集成、信息服务等，其技术门槛相对较低。随着越来越多的企业进入该领域，利润率逐步下滑，企业的进一步高速增长已难以为继，而极少数的头部信息化企业掌握着产业上游信息技术基础设施的核心技术，在高端芯片、操作系统、数据库等基础软/硬件领域占据着主导地位，一直保持着极高的盈利水平。因此，提升技术水平，迈入上游信息技术基础设施厂商行列，一直是信息化从业者所追求的目标。

近年来，随着众多企业在核心技术上的持续投入，海量人才进入信息化行业并充分流动，技术难题被不断攻克，头部企业的技术壁垒被不断打破，市场竞争格局正在发生着巨大的变化。例如，在处理器芯片领域，虽然传统头部芯片企业依然居于优势地位，但飞腾、兆芯、龙芯、海光等品牌的芯片也已开始普遍应用，基于这些芯片所制造的整机，如浪潮、长城、曙光等品牌服务器和计算机的出货量也在不断增长；在操作系统领域，鸿蒙、麒麟、统信等品牌逐渐被人所熟知；在数据库、中间件等基础软件领域，也有达梦、人大金仓、东方通等厂商开始崭露头角。一批新兴的信息技术基础设施厂商开始撬动整个信息化上游产业市场，成为全球信息化领域中一股不容小觑的力量。

 想一想 ●●●

1. "信息技术基础设施"和"信息技术设施"的关系和区别是什么？
2. 哪些东西属于"信息技术基础设施"？
3. 你知道哪些国内品牌的"信息技术基础设施"？

1.1 信息化产业概述

如今，人们已经无法想象一个没有电子设备的世界，小到随手用智能手机点个外卖、叫个出租车、付钱购物，大到"新基建"部署的数字化、网络化、智能化，这些都已经成为人们日常生活中不可或缺的一部分。信息技术从根本上改变了人们的生活方式，甚至可以说，人类文明在经过工业文明时代的发展后，已经进入了一个新的信息文明时代。

一个巨大且持续高速增长的信息化产业随之而来。信息化产业无疑是近 30 年来增长最快的产业之一，在 2023 年世界 500 强企业排名中，利润最高的前 10 家公司中有 4 家是信息化公司，分别是排名第 2 的苹果公司、排名第 3 的微软公司、排名第 4 名的 Alphabet 公司和排名第 9 的三星电子公司。

全球信息化产业发展至今，历经了以下 5 个阶段。

（1）起步阶段：计算机的诞生与初期应用。

20 世纪 40 年代，随着电子管计算机的出现，人类进入了一个新的时代。计算机的出现，标志着信息技术的开端。这个阶段，计算机主要用于科学计算和军事领域。一些国家开始投入计算机的研究和开发，如美国、英国和德国等。

（2）发展阶段：集成电路与个人计算机的出现。

20 世纪 60 年代，集成电路的出现使得计算机的体积大大缩小，性能也得到了大幅提升。与此同时，个人计算机开始出现，使得计算机开始普及。这个阶段，计算机开始被应用于商业、教育和家庭等领域。

（3）成熟阶段：互联网的兴起与普及。

20 世纪 90 年代，互联网的兴起为信息化产业带来了巨大的发展机遇。人们可以通过互联网获取和分享信息，并进行在线购物、远程办公等。这个阶段，信息化产业开始呈现爆炸式增长，全球涌现出了众多互联网公司和创新应用。

（4）网络化阶段：云计算与大数据时代的到来。

进入 21 世纪，云计算和大数据技术的出现为信息化产业带来了新的发展机遇。云计算使得计算资源（如服务器、数据库等）汇聚到一个虚拟的云中，通过网络对外提供服务。大数据技术则可以对海量数据进行处理和分析，挖掘出有价值的信息。这个阶段，信息化产业开始呈现出更加智能化、网络化的特点。

（5）智能化阶段：人工智能与物联网的融合。

近年来，人工智能和物联网技术的快速发展为信息化产业带来了新的发展方向。人工智能技术可以通过机器学习和深度学习等方式进行智能决策和分析，提高信息化系统的智能化水平。物联网技术则可以实现设备之间的互联互通，推动智能家居、智慧城市等领域的发展。

我国的信息化产业也同样历经了这些阶段，并表现出需求大、参与企业多的特征，在全球信息化产业中有着举足轻重的地位。从 20 世纪 90 年代语音通信和办公自动化的普及，到 21 世纪初数字通信网络、移动通信的应用爆发，再到后来的互联网崛起、智慧城市建设、数字金融创新，以及云计算、大数据、物联网、移动互联网、人工智能等新一代信息技术浪潮的高潮迭起，我国已然成为全球最大的信息化市场之一。国内的信息化企业也随之迅速成长，大量的信息技术研发、服务、运营公司出现，在 2023 年世界 500 强企业排名中，我国的腾讯、中国移动两家信息化公司进入了利润最高公司的前 50 名。

从产业结构来说，信息化产业可以分为下游的应用类信息技术产业（包括整机设备组装、应用软件开发、低端电子器件制造、系统集成、信息服务等）和上游的信息技术基础设施产业（包括高端芯片、操作系统、数据库等基础软/硬件产品等）。产业下游的应用类信息技术，技术门槛不高，竞争激烈，利润率较低。产业上游的信息技术基础设施，因关键核心技术的设计研发难度大、制造工艺要求高、生态标准构建难，所以前期投入规模大、周期长、风险高，但这些恰恰是信息化产业生态的核心，也是最具商业价值的部分，是一个信息化企业走向卓越必须跨越的一步。

我国的信息化企业很早就意识到了这一点。国内一些领先的企业，依托我国巨大的需求市场，通过多年的技术投入和市场竞争，已经取得了应用类信息技术市场的巨大成功，也具备了深厚的人才和技术储备。为了进一步提升盈利能力、巩固自身在行业内的地位，多年以来这些企业持续投入，经过不断的探索和尝试，摸索出了一条适合国内企业的关键核心技术产业发展之路。尤其是近些年来，这些企业抓住当前国内信息化需求持续扩大，用户对产品的多元化、个性化需求不断增多的机会，进一步加大投入，攻克各种技术难题，推出了大量初具市场竞争力的信息技术基础设施产品，覆盖包括芯片、整机、存储器、网络设备、操作系统、数据库、中间件、应用软件、信息安全和系统集成等各个信息化领域。这些产品开始被广泛应用，在实践中促进了整个行业技术能力的飞速提升，产品逐步成熟，产业链生态不断完善，更多的国内厂商加入进来，国内的信息化产业升级已成功迈出了坚实的第一步。

国内企业对信息技术基础设施关键核心技术的研究和探索是从 20 世纪 90 年代开始的，历经了以下 5 个阶段。

（1）第一阶段。

1999 年方舟科技公司成立，公司自成立之初以突破芯片技术作为发展目标，聚集了当时该领域众多的科学家和研发人才，举全公司之力，于 2001 年推出了我国第一颗嵌入式芯片"方舟一号"，但由于其他基础软/硬件生态和配套难以跟进，导致方舟科技公司最终放弃了芯片的后续研发。

20 世纪 90 年代，除了"方舟一号"，人们现在所熟知的"龙芯"和"华为海思"芯片的前身也悄然诞生。1991 年，刚刚成立不久的华为公司就成立了集成电路设计中心，开始设计自己的芯片，并于两年之后研发出第一块数字专用集成电路，但直到 2004 年才终于在十几年努力和积累的基础上创立了后来著名的"海思半导体"品牌。

在该阶段，国内的 CPU、基础软件等实现了"从无到有"的突破，但缺少资金和配套的生态体系，用户使用体验较差。

（2）第二阶段。

2008 年，阿里巴巴公司提出要自研自己所使用的所有信息技术基础设施，即在自己的信息化架构体系中，不再使用其他公司生产的小型机、数据库和存储设备等，而是在开源软件基础上开发自己的系统以供自己的企业运营使用。到 2013 年，阿里巴巴的最后一台 IBM 小型机下线，其自研系统计划取得了成功。

阿里巴巴的这项工作，核心是尽量利用开源软件来构建自己的信息技术基础设施，目的是不想让自己的核心运营平台受制于其他公司。它的成功在技术上证明了基于开源软件构建信息技术基础设施不但可行，而且可以满足拥有巨量用户的互联网应用。

然而，此时的芯片产业还未发展到如今百花齐放的局面，在阿里巴巴的这次尝试中还未涉及芯片产品。

与此同时，浪潮公司推出了我国第一台关键应用主机系统"浪潮天梭 K1"，实现了国内企业在关键高端应用整机领域的突破，在部分行业有了实际应用的案例。此时的主机产品基本可用，但还不够成熟，并未得到广泛应用。

（3）第三阶段。

2014 年，半导体产业的技术提升得到各类投资机构的关注，"大基金"等各种专门投资半导体产业的产业基金成立。随后的两年时间里，各种架构的 CPU 及国内厂商开发的操作系统逐步面世。

2015 年，飞腾发布了 FT-1500A 系列 CPU，龙芯发布了龙芯 3A2000 系列 CPU。2017 年，兆芯发布了 KX-5000 系列 CPU。2018 年，中科海光发布了禅定 CPU，景嘉微的图形处理芯片（GPU）JM7200 顺利完成了基本功能测试。

同时，在操作系统领域，中标麒麟操作系统、天津麒麟操作系统、深度操作系统也在不断优化，易用性和稳定性大幅提高。此阶段国内厂商开发的基础软/硬件逐渐形成了自己的产业生态环境。

（4）第四阶段。

中国电子、中国电科、华为等信息化骨干企业纷纷入局，依托自身雄厚的技术能力和资本能力，开始进行信息化全产业链布局，在企业内部构建芯片、操作系统、数据库、信息安全、系统集成等信息技术基础设施的完整生态链。这些企业具备强有力的市场营销能力、咨询设计能力、项目交付能力和售后运维能力，它们的全面参与大大提升了国内用户对国内厂商生产的产品的认可程度，促进了国内市场需求的进一步释放。国内市场需求的爆发又吸引了全国其他更多企业的进入，国内厂商开发的软/硬件大生态环境开始形成。

（5）第五阶段。

信息技术基础设施的关键核心技术从规划和基础研发阶段发展到了真正的产业落地阶段。基于国内前期试点项目的成功验证，以及更丰富的产品在应用实践中成熟，该产业市场发展正如业界预期的一样：第一步，先是在个别行业和局部市场形成应用，产品得以完善，生态初步打造，重点企业得到成长；第二步，产品的易用性和稳定性相对成熟，在关系国计民生的"八大行业"市场形成更广泛的应用。一旦这些重点行业应用成功，就意味着国内厂商开发的产品已具备了充分的竞争力，届时相关产品将进入国内外自由消费市场（超万亿市场空间），与国际上优秀的产品同台竞争。

国内信息化产业涉及的"八大行业"如图 1-1 所示。

图 1-1　国内信息化产业涉及的"八大行业"

1.2　我国信息化产业的发展前景

以信息技术为主导的新一轮科技革命和产业变革正在全球范围内加速演进，新技术、新范式和新业态层出不穷，全面推动人们的社会生活、生产方式向着数字化转型，也为全球的经济增长注入了新的动力。

通过几十年的努力，我国在建设网络强国、数字中国、智慧社会等方面取得了非凡的成就，这不但使我国跻身全球信息化强国之列，也推动了我国经济的跨越式发展。

截至 2023 年 5 月底，我国信息技术基础设施规模全球领先，具有全球最大规模的光纤和无线网络，我国 5G 基站总数达 284.4 万个，移动物联网终端用户超过 20.5 亿户，已建成全球规模最大、技术最先进的宽带网络基础设施，产业整体水平跻身全球第一梯队。面对巨大的市场，我国的信息化产业也取得了重要突破，全球创新指数排名从 2017 年的第 22 位跃升至 2023 年的第 12 位。2019 年以来，我国成为全球最大专利申请来源国，5G、区块链、人工智能等领域的专利申请量为全球第一。在信息化产业方面，电子信息制造业增加值保持年增长 9% 以上，软件业务收入保持年增长 13% 以上。在信息化服务方面，互联网企业为人们提供了诸如外卖、打车、共享单车等多种多样的市场化服务。在政府服务领域，信息惠民便民的水平也在不断提升。随着"互联网+政务服务"快速拓展，国家政务服务平台基本建成并开通服务，我国设立了全球首家互联网法院，国家"互联网+监管"系统已初步建成。

信息技术基础设施建设和信息化服务场景如图 1-2 所示。

（1）5G建设　　　　（2）无人驾驶　　　　（3）共享单车　　　　（4）电子支付

图1-2　信息技术基础设施建设和信息化服务场景

随着全球信息技术的快速发展，信息化产业也正在经历着前所未有的变革，涉及人工智能、大数据、云计算、物联网、区块链等。这些信息技术不仅体现了信息化行业的发展方向，也反映了全球经济和科技的深刻变革，将对未来的社会发展产生重要影响。

短短几十年，我国在信息技术领域的发展令世界瞩目，一些有实力的企业也早已开始涉足信息技术基础设施的关键核心技术领域，在处理器芯片、存储芯片、数据库、操作系统、中间件等基础软/硬件产品方面进行了大量的人力和物力投入。

信息技术基础设施的关键核心技术是构建信息世界的基础，是信息化产业中最尖端的技术领域。企业要想实现突破并不容易，其不仅要能做出一些元件，制造出一些设备，而且要在研发、设计、生产、应用上全面突破，甚至构建新的产业标准和生态。换句话说，人们制造一颗芯片，不是说该芯片能够达到主流芯片的功能和性能即可，而是需要其能长期稳定运行、成本低廉且有竞争力。要想使人们正在使用的软件能够容易地应用在新的芯片上，最重要的是该芯片需要得到整个业界的认可，企业都愿意用该芯片来构建自身的产品和系统，这就需要整个产业链的通力配合和共同努力。

因此，随着国内企业研发的各类架构的CPU芯片、操作系统、数据库等产品的相继面世，企业之间开始相互合作，有些大型企业通过收购、投资、重组等方式进行了"信息化全产业链"布局，希望能在未来新的产业生态中取得优势和获得话语权。这些企业在技术标准、知识产权、投资和融资、人才培训等配套工作方面做了大量的工作，不同厂商之间的协作融合、有序竞争，对产品之间兼容度、融合度的提升起到了极大的促进作用。

在大量企业、相关组织的参与和努力下，在2016年前后，国内企业自主研发推出的产品已在国内市场有了大量的应用。这些产品在应用中优化并在实践中完善，已初步解决了从"可用"到"好用"的问题，得到了市场和用户的认可。如今，在我国信息化市场，国内企业生产的芯片、操作系统、数据库等关键核心技术产品已经具备较强的竞争力。随着国内巨大需求的进一步释放，信息化产业迎来现象级风口，成为信息技术领域广泛关注的市场焦点，国内企业的产品和服务也正在全面覆盖基础硬件、基础软件、应用软件、信息安全、云服务、系统集成等领域，并已初具规模，目前正在走向应用规模迅速增长、产品快速迭代优化的良性循环。

1.3 信息化产业链全景及核心环节

　　随着全球信息化浪潮的推进，信息化产业已经成为驱动世界经济发展的重要力量。从芯片到整机，从基础软件到应用服务，信息化产业链涵盖了众多核心环节。

　　在国内，一些有实力的大型公司通过控股、持股或投资的方式，率先构建起自己的一套较为完善的服务产业链。同时，相关信息化厂商、集成商、运营商、高校、研究机构和评测机构也积极参与其中。基于现有市场的需求释放，各个厂商一边互相竞争，一边互相适配，逐渐优化和完善了各自的产品和生态，形成了百花齐放的态势。当前在芯片、存储器、整机、网络设备、操作系统、数据库、中间件、应用软件、信息安全等信息化产业链关键环节涌现出了许多标志性的厂商，国内信息化产业的市场格局已初步建立，其产业链如图 1-3 所示。

信息安全

奇安信	绿盟科技	天融信	启明星辰	中孚信息
亚信安全	360	安恒信息	深信服	迪普科技

应用软件

流式软件		版式软件	
WPS	永中软件	东方通	金蝶天燕

OA			ERP		
泛微	致远	蓝凌	金蝶	用友	明源云

其他						
中国软件	中标软件	慧点科技	量子伟业	华迪	中望软件	华磊迅拓 ……

云

阿里云	华为云	浪潮	天翼云	易捷行云	中国电子云

基础软件

操作系统					
麒麟	统信	普华	中科方德	中科红旗	华为

数据库			中间件		
达梦	人大金仓	南大通用	东方通		金蝶天燕
神州通用	瀚高	沃趣科技 华为	普元	宝兰德	中创软件

基础硬件

整机							
联想	清华同方	长城	浪潮	中科曙光	706所	新华三	华为

芯片			存储		
鲲鹏	飞腾	兆芯	兆易创新	同有科技	紫晶存储
龙芯	申威	海光 华为	长江存储	长鑫存储	福建晋华 紫光存储

集成商

集成商
太极股份
中国软件
中国信科
航天信息
浪潮软件
东华软件
东软集团
神州信息
同方股份
华宇软件
神州航天软件

图 1-3　国内信息化产业链

1. 芯片领域

芯片是信息化产业的"心脏"，其设计和制造水平直接决定了整机的性能。人们习惯将芯片和操作系统称为信息化的"心"和"魂"。芯片是信息化的根基，芯片技术是信息化产业中最核心的技术。

芯片产业包括芯片设计软件、芯片设计、制造设备、晶圆代工、封装测试等多个环节，这些环节的核心技术被少数行业巨头掌控了很长时间。但近年来，国内外有不少新企业涉足此领域并快速进步，甚至在个别环节已经可以与传统行业巨头一较高下。

有人说芯片制造所涉及的技术集成了人类最高的智慧。在几立方毫米的一颗芯片内可以集成几十亿个晶体管，如此浩瀚的工程，显然难以靠人工手动完成，而电子设计自动化（Electronic Design Automation，EDA）软件便是用以辅助芯片设计的工具。EDA软件功能十分复杂，当前行业内主要还是以使用传统优势企业的产品为主，但已有不少国内EDA软件企业开始起步，国内较为知名的厂商有华大九天、芯禾科技等。

目前，全球芯片市场主要由美国、韩国、日本等国家的少数几家大型企业主导，如英特尔、高通、AMD、三星等。这些企业在芯片设计、制造工艺和封装测试等方面具有明显优势。芯片设计的难度虽然很大，但我国企业在此领域发力较早，如今已涌现出不少有实力的公司，如华为海思、飞腾、龙芯、申威、海光、兆芯等都是其中的代表。这些公司采用不同的芯片架构，沿着不同的芯片制造技术路线发展，因此在功耗、性能等方面各有所长。芯片架构、路线、厂商及产品线如图1-4所示。

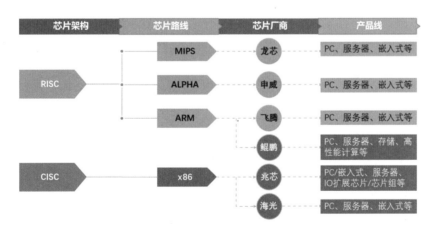

图1-4　芯片架构、路线、厂商及产品线

芯片制造的难度同样很大，芯片制程在20世纪80年代进入微米时代，到21世纪开始进入纳米时代——45nm、28nm、14nm、10nm、7nm、5nm、3nm，芯片制造的难度已经接近理论极限。芯片制程的实现需要很多工艺配合，最核心、难度最大的是光刻工艺，光刻机是芯片制造设备中技术壁垒最高的设备。在顶尖光刻机领域，荷兰 ASML 公司生产的光刻机占据着主要市场。目前国内也逐步开始有公司研发光刻机，如上海微电子装备公司，现已能够生产一部分低端光刻机。

晶圆是制造芯片的基本材料。将硅纯化和溶解成液态，然后拉成柱状的硅晶柱，再用钻石刀将硅晶柱切成薄片、抛光，就变成了晶圆。晶圆代工的技术含量及资金门槛很高，国内厂商在此领域布局较早、经验积累很厚。在晶圆代工领域，台积电和三星占据着主要市场。2000 年成立的中芯国际公司，是我国工艺最先进、规模最大、配套最完善的晶圆代工企业，也是全球领先的芯片制造晶圆代工企业之一，在全球芯片制造企业中常年稳居前五。

在芯片制造产业中，封装测试环节的技术含量相对较低，国内厂商起步也较早，国内如长电科技、华天科技等公司的技术已经达到世界先进水平。

2. 存储领域

存储技术是信息化产业的"记忆"，包括硬盘、固态硬盘（SSD）、内存等。数字世界除了靠芯片进行计算，也需要存储器进行数据存储，所以存储技术也是信息化产业中非常基础和关键的技术，尤其是大数据产业和应用的爆发，对存储设备提出了更大容量、更高性能的技术要求。

根据存储介质的不同，当前常用的存储技术可分为半导体存储、磁存储、光存储。比如人们所熟知的 DVD、光盘等属于光存储，磁带、机械硬盘等属于磁存储，而高性能存储领域的内存（以 DRAM 为主）和固态硬盘（以 NAND Flash 为主要材料）属于半导体存储。

半导体存储器与芯片一样，也涉及设计、制造、封装测试三大环节。与芯片制造相比，新兴厂商在存储器领域与传统优势企业的差距相对较小，但要在高端产品方面赶上传统的头部企业，仍需要攻克不少难关。在全球存储芯片市场中，三星、美光、SK 海力士在内存领域占据了主要的市场份额。在国内的内存领域，成立于 2016 年的长鑫存储是我国规模最大的 DRAM 厂商；清华紫光旗下的长江存储是国内领先的NAND Flash 解决方案提供商，专注于为全球合作伙伴提供存储芯片及消费级、企业级固态硬盘等产品和解决方案。

3. 整机领域

整机是信息化产业的"身体"，包括计算机、服务器、手机等终端设备。本书所提及的整机，是指将芯片、存储器、操作系统、中间件、应用软件等核心技术产品整合为一体的硬件设备。例如，你所使用的计算机便是一台整机。个人计算机和服务器是信息化产业中最重要的两类整机。

中国、美国、韩国等国家在整机制造领域具有显著优势，其中华为、联想、苹果、戴尔等企业是全球整机市场的主要厂商。国际整机市场呈现稳步增长的趋势，个人计算机的需求量持续增加，个人和商业是主要的应用领域。尤其是笔记本电脑的出货量在近几年显著提升，在 2021 年达到了 2.46 亿台的历史新高，这主要受到了居家办公、网课和游戏产业的影响。国内整机的发展与国际基本保持同步，自 1987 年由长城公司生产的我国第一台"长城 286 微机"问世后，逐渐涌现出了一大批国产计算机和服务器品牌，如联想、长城、方正、同方、浪潮、神舟等。虽然其核心关键组件仍然采用的是国际主流产品，但国内的整机装配、供应链管理、质量管控体系和能力得到了迅速的成长与完善。

国内厂商的整机生产水平早已在全球市场得到了证明，但国内厂商开发的产品功能、性能等整体表现对芯片、存储器、操作系统等关键技术环节有很强的依赖性。

整机不是国产信息化中最关键的技术环节，但其在产业中的意义十分重大。整机厂商对接客户需求，向上游的芯片、存储器、操作系统、应用软件等厂商反馈意见，组织各产品组件一起兼容适配、优化完善。整机对国产信息化生态构建的贡献远远大于其他环节的产品，是产业链生态全面打通和融合的关键一环。

随着国内厂商生产的芯片及生态逐渐成熟，各大整机厂商纷纷布局，推出自己的整机设备，虽然整体性能和稳定性距离国际顶尖水平还有一定差距，但通过整机厂商的整合，其他环节产品的适配性和协同性得到迅速提升，整体上推进了国产信息化的发展进程。当前在国内市场上，国内厂商生产的产品使用规模最大的就是整机，浪潮、长城、联想、同方、航天、曙光、方正等品牌在市场上表现亮眼。

4．网络设备领域

网络设备是信息化产业的"血管"，负责信息的传输和交换。计算、存储和通信，被喻为信息化行业的"三大基石"，网络设备是支撑通信的核心设备。国内通信产业的发展是信息化产业所有环节中最强的，甚至在某些领域已经开始领跑全球。国外的网络设备厂商主要有思科、瞻博网络、惠普等，提供路由器、交换机等网络设备。

20 世纪 90 年代左右，我国的"巨大中华"（曾经国内最著名的电话交换机提供商，分别指巨龙、大唐电信、中兴和华为）完成了对国际先进水平的追赶和超越。

在 3G 时代，我国将主导的"TD-SCDMA"技术标准推向全球，与欧洲支持的标准"W-CDMA"、美国支持的标准"CDMA2000"一起成为国际电信联盟（ITU）确定的 3 种无线移动通信技术标准，之后的 4G、5G 时代，我国的无线移动通信标准一直是国际标准的重要组成部分。在"车路协同和自动驾驶"技术领域，我国提出的 C-V2X 标准已在事实上成为全球唯一认可的车联网标准。这些都标志着我国的通信技术已经进入国际顶尖水平。

基于强大的通信技术基础，国内的网络设备厂商飞速发展，诞生了华为、华三、锐捷、中兴、迈普等知名品牌，其在国内的市场份额占据主导地位，在全球市场上也名列前茅。

虽然网络设备对 CPU 芯片的性能要求较低，看似更适合采用国内厂商生产的芯片，但事实上国内厂商生产的网络设备主要还在采用国际厂商生产的 CPU 芯片，其主要原因是网络设备市场的竞争激烈，对成本控制要求高。在较长的一段时间里，国内厂商生产的芯片出货规模很小，成本较高，难以达到网络设备的低成本要求。

近几年来，国内厂商生产的产品市场需求增长巨大，一方面是国内厂商生产的芯片性能不断提升，完全可以满足网络设备的应用；另一方面是芯片的成本随着出货量的增大而不断降低。部分企业为此提前布局，期待在此领域能取得先机。中国电子旗下的迈普通信，2012 年就开始自研网络设备，2018 年推出了我国第一台数据中心核心交换机和核心路由器。

5. 操作系统

操作系统是信息化产业的"灵魂"，为各种应用提供运行平台。操作系统是最基础、最底层，也是最复杂的系统软件，其向下对接硬件，向上为应用软件提供运行环境。根据其适配的硬件类型的不同可分为桌面操作系统、服务器操作系统、移动操作系统和其他操作系统。

人们熟知的用于个人计算机的桌面操作系统有微软的 Windows 和苹果的 macOS；用于服务器的服务器操作系统有 UNIX、Linux、Windows Server 等；主流的移动操作系统有苹果的 iOS、谷歌的 Android 和华为的 HarmonyOS 等；其他还有一些特殊的操作系统，如支持网络设备的嵌入式操作系统、支持物联网的物联网操作系统等。

在操作系统领域，Linux 的出现具有极其重要的意义，其代码开源，大大降低了新开发一个操作系统的难度，现在已发展出桌面、服务器、移动、嵌入式操作系统等多个分支和版本，可称之为应用类型最广的操作系统。

国内厂商开发的操作系统多数是在开源 Linux 内核的基础上进行二次开发的，并未对内核做大量修改，基本保持了原有的内核框架模式。

国内最著名的两个操作系统开源社区，一个是由华为在 2019 年发起的欧拉（openEuler）开源社区，一个是由阿里巴巴在 2020 年发起的龙蜥（OpenAnolis）开源社区。而在厂家层面，桌面操作系统中比较知名的有统信软件和麒麟软件，服务器软件领域有麒麟、麒麟信安、红旗、普华基础软件和中科方德等。

当前国内厂商开发的操作系统面临两个问题。首先，各个操作系统厂商还未建立起丰富的应用软件生态，导致采用其操作系统后可使用的软件较少；其次，国内厂商开发的操作系统真正的应用规模还不够，缺失用户真实的反馈意见，产品很难从"可用"迅速走向"好用"。但近年来，国内厂商开发的操作系统销量增长迅猛，以这些操作系统为基础的应用软件正在不断丰富，操作系统的功能、性能、稳定性和易用性也将再上一个台阶。

6. 数据库

数据库是信息化产业的"大脑"，负责存储和管理数据。数据库是按照数据结构来组织、存储和管理数据的"仓库"，是一个长期存储在计算机内的、有组织的、可共享的、统一管理的大量数据的集合，可视为电子化的文件柜，用户可对文件中的数据进行新增、查询、更新、删除等操作。

作为信息化领域的关键基础软件，与操作系统相比，数据库的复杂度相对较低。目前国际主流的数据库包括 MySQL、SQL Server 和 Oracle Database。在国内，当前具备数据库研发能力的企业从厂商类型方面可分为三类，分别是以达梦数据库、人大金仓、南大通用、神舟通用为代表的传统数据库厂商，以华为、腾讯、阿里巴巴为代表的互联网及头部企业，以及一些新的创业企业。其中，国内以数据库产品为主业的公司大多发源于 2000 年前后的大学、科研机构。数据库类型及相应的国内厂商如图 1-5 所示。

图 1-5　数据库类型及相应的国内厂商

基于多年的研发与市场打磨，国内数据库的技术水平已经完成了从"可用"到"好用"的跨越。数据库是数据的核心载体，是国产信息化领域最核心的基础软件之一，在国产信息化领域的地位关键且重要。近年来，随着国内数据库软件的市场规模持续增长，各种技术架构、技术特点的数据库研发企业不断涌现，基本涵盖了数据库技术的各个流派。

7. 中间件

中间件是连接应用软件和操作系统的"桥梁"，提供分布式计算、消息队列等服务。简单来说，中间件是在操作系统、网络和数据库之上，应用软件之下，为应用软件提供运行和开发支撑，帮助用户灵活、高效地开发和集成复杂应用软件的平台。从另一个角度来说，中间件就是将各类应用软件需要的底层通用而复杂的功能标准化，在此基础上软件开发只需集中精力于真正的客户需求，而不需要在适配操作系统、适配平台等问题上耗费太多的时间与成本，同时也可以减少后续系统维护、运行和管理的工作量。因此，越是复杂、大型的应用软件就越需要中间件。

我国的中间件市场主要集中在金融、电信和政务等方面，需求主要集中在数据传输中间件、消息中间件和交易中间件。一直以来，Oracle 和 IBM 两大公司占据着全球中间件市场的领先地位，但其他研发中间件的厂商也一直在奋起直追。就国内来说，东方通、宝兰德、普元、中创等公司表现比较突出。

8. 应用软件

应用软件是建立在基础软件之上，被用户直接使用，满足用户需求的软件。例如，人们日常所说的浏览器、邮件系统、文档处理软件、OA 办公软件等都属于应用软件。

国际应用软件的发展十分多元化，取决于不同的行业、地区和特定应用的需求。一些主流的应用软件包括 Microsoft Office 套件（如 Word、Excel 和 PowerPoint 等）、Adobe Creative Suite（如 Photoshop、Illustrator 和 InDesign 等）、Google Docs 和 Google Drive、Apple iCloud 和 Dropbox 等。这些应用软件提供了各种功能，包括文档编辑、表格制作、幻灯片演示、图像编辑、视频制作、云存储和文件共享等。此外，还有许多特定行业或特定用途的应用软件，如财务软件、销售和市场软件、客户服务软件、人力资源软件和项目管理软件等。我国的应用软件发展与国际基本同步，已经发展得十分成熟，尤其是金山 WPS Office、永中 Office 等办公软件的出现，在应用软件领域国内厂商开发的软件已经没有明显的弱项。实际上，经过多年的市场竞争和技术演进，国内厂商依托人力成本低、本地化服务能力强等优势，已经占据了国内市场绝大部分的市场份额。

国内现有的应用软件大部分都是基于少数传统头部厂商的基础软/硬件环境开发的，随着国产信息化领域的发展，众多新兴厂商的基础软/硬件产品得到广泛应用，这些应用软件需要针对很多新的基础软/硬件进行适配。应用软件越复杂，适配工作量就越大，适配后的稳定期就越长，而且新兴厂商开发的基础软/硬件的稳定性、适配工作做得是否完善都直接影响到应用软件的使用。对用户来说，最关心的是应用软件是否"好用"，若在使用软件时出现问题而无法分析问题出在哪个环节，只会感觉这些厂商的产品"不好用"。所以，人们常说应用软件是国产信息化成熟与否的"晴雨表"。当用户使用应用软件时只觉得"好用""稳定"和"流畅"，已不关心其在什么基础软/硬件环境上运行，就说明国内的应用软件开发厂商成熟了。

应用软件的适配过程与基础软/硬件的替换进程环环相扣。由于一些新兴厂商开发的基础软/硬件的性能仍需提升，稳定性需要验证，因此不管是哪个行业，为了不影响核心业务，基本上最先替换的都是通用的办公软件，如金山 WPS Office、永中 Office、福昕 PDF 等软件。接下来，一般会替换相对个性化的办公软件，如 OA 等，此领域，致远互联、慧点科技等厂商较为突出。最后，则是逐步替换各个行业的专有业务软件，尤其是核心业务软件。

9. 信息安全

信息安全是信息化产业的"免疫系统"，负责保护数据和系统的安全。随着网络攻击和数据泄露事件的增多，信息安全越来越受到重视。思科、赛门铁克、迈克菲等国外企业在信息安全领域具有独特的技术优势。我国的信息安全产业启动较早，当前已充分地市场化，与服务器、网络设备产业一样，形成了一个较为稳定的产业格局。我国的信息安全市场相对于国外其他区域的市场而言比较独特，一方面由于我国应用信息技术能力强，信息化人才多，在安全领域的最新技术和众多分支方向上均有涉及；另一方面国内信息安全市场与地方经济水平和当地重点产业行业有一定的相关性。所以，国内信息安全市场集中度低，诸多安全厂商长时间共存，竞争激烈，技术成熟，国内安全厂商在很多方面的技术水平都居国际领先水平。

目前，国内安全厂商积极进行适配和研发，寻找自己在产业中的定位。基于国内厂商开发的产品所构建的信息系统与之前传统的信息系统有诸多不同，安全厂商需要设计和提供怎样的服务方案，才能够满足用户新的安全防护要求，这对国内所有的安全厂商来说都是一个值得不断思考和尝试的课题。

10. 系统集成

所谓的系统集成（System Integration，SI），简单来说就是将不同的组件、模块组合起来，实现某些功能以满足用户应用的过程。在信息技术实际落地应用的过程中，用户的需求往往都是多种功能的组合。以上网课为例，后台服务提供商需要有整机、存储设备、操作系统、数据库支撑网课软件的运行，需要有网络设备实现网课内容的网络传输，需要有安全设备保证系统不被病毒和黑客破坏等。

用户不是信息技术专家，于是就需要有一个集成商的角色对所有这些产品进行集成，向用户交付一个能满足其所有需求的整体系统方案。随着技术的发展，新的系统集成工具和技术不断涌现，如微服务、Serverless、API 管理工具、低代码开发平台等。这些新工具和技术使得系统集成更加简单、灵活和高效，同时也促进了系统集成的快速发展。

随着企业业务的不断扩张和复杂化，系统集成已成为支持业务运营和创新能力的重要手段。IBM、惠普、埃森哲等国外企业在系统集成领域具有丰富的经验和强大的实力。我国在 20 世纪 80 年代信息化应用逐渐展开，系统集成厂商也随之出现。经过40 多年的发展，国内系统集成技术已十分成熟，资质认证体系十分完善，系统集成厂商数量众多。

国产信息化领域发展起来之后，各类新兴厂商的产品层出不穷，由于这些新兴厂商开发的基础软/硬件产品的性能和稳定性还未完全成熟，因此为了满足用户的应用需求，需要有更强设计能力、更好服务能力的集成商来弥补。最早参与项目系统集成的公司均是行业内的头部公司，包括太极、浪潮、中国信科、神州数码、东华、中软、东软、航天信息等。

1.4 信息化产业人才需求与岗位职责

信息化产业的市场需求主要包括硬件设备、软件服务、网络安全、云计算、大数据等多个领域。随着各行业对信息技术的依赖程度不断提高，信息化产业的市场需求呈现出多元化的特点。

第一，我国国产信息化产业的基础软/硬件产品生态还未完全建立，各种技术路线的产品生态之间没有完全打通，各个厂商的产品在兼容性上差别较大，所以项目方案的前期规划和适配性验证就变得尤为重要，从业者应充分了解现有的厂商格局、技术路线方向和生态配套情况，从而规划出合理的解决方案。第二，部分新兴厂商生产的基础软/硬件产品在功能、性能和稳定性上仍需要进一步地打磨和完善，从业者需要了解各类产品的优缺点，从而在项目中选择更合适的产品去满足功能需求。第三，由于当前很多关系国计民生的行业，对国内厂商生产的基础软/硬件产品采用量增加，很多项目对信息安全的要求较高，因此参与项目的部分岗位人员还需要具备信息安全和保密相关的知识和技能。

对于现阶段的国产信息化领域来说，无论是用户单位，还是参与项目建设运维相关信息化企业，还比较缺乏完善的人才培养机制和培养方法，这使得项目建设和应用从"能用"到"好用"的发展过程中，隐含着巨大的合规性、可靠性、安全性风险。国产信息化行业人才岗位如图 1-6 所示，下面就这几个关键的行业人才岗位进行简单介绍。

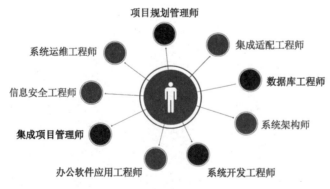

图 1-6　国产信息化行业人才岗位

1. 项目规划管理师

项目规划管理师需要掌握国产信息化相关项目的管理办法，包括具备项目的规划和设计能力；掌握相关设计文档的规范和编制方法；了解国产信息化领域生态及各项关键技术、产业前沿应用和相关产品选型方法；了解系统迁移适配和系统集成的要点难点；能够开展项目的规划设计等相关工作。

2．集成适配工程师

集成适配工程师需要具备相关技术、产品的集成适配能力，包括了解国产信息化的标准规范和产业发展态势；了解国产信息化领域的相关终端设备及服务器、操作系统、中间件、数据库、国产软件、网络安全等方面的基础知识；熟悉国产信息化产业链主流厂商的产品特点；具备国产信息化产业链主流厂商产品的安装、调试、优化能力；具备助理工程师的实际工作能力和业务水平。

3．数据库工程师

数据库工程师需要有能力完成数据库应用系统的规划、设计、构建、运行和管理，包括能按照用户需求设计数据库、建立和维护数据库、承担数据库系统有关技术支持；具备一定的数据库系统设计及开发能力；能指导计算机技术与软件专业助理工程师（或技术员）工作；具备工程师的实际工作能力和业务水平。

4．系统架构师

系统架构师是面向国产信息化领域中软件开发相关的岗位，其需要能够根据业务需求，结合应用领域和技术发展的实际情况，考虑有关约束条件，设计正确、合理的软件架构，确保系统架构具有良好的特性，包括能够对信息系统项目架构进行描述、分析、设计与评估；能够按照相关标准编写相应的设计文档；能够与系统分析师、项目管理师相互协作、配合工作；具备高级工程师的实际工作能力和业务水平。

5．系统开发工程师

系统开发工程师需要具备基于国产基础软/硬件产品的应用系统开发能力，包括能够依据相关政策法规、标准规范的要求，结合国产信息化领域发展态势，按照软件开发项目管理和软件工程的要求，能够按照系统总体需求规格说明书进行软件设计，编写软件设计等相应文档；能够组织和指导程序员编写、调试程序，并对软件进行优化和集成测试，开发出符合系统总体设计要求的高质量软件；具备完整的软件工程体系知识，具备高级工程师的实际工作能力和业务水平。

6．办公软件应用工程师

办公软件应用工程师需要熟悉国产办公软件的相关政策和产业发展动态；了解国产办公软件相关技术及产品特点；掌握国产办公软件应用的基础知识；熟练操作使用国产办公软件，具备国产办公软件初级应用的工作能力和业务水平。

7．集成项目管理师

集成项目管理师需要结合业务应用领域和技术发展情况，管理具有商业价值的项目交付，包括了解国产信息化领域主流厂商的产品特征；掌握与项目管理特定领域相关的知识和技能；能够指导、激励和带领团队实现具有商业价值的项目交付；具备集成项目管理师的实际工作能力和业务水平。

8. 信息安全工程师

信息安全工程师需要掌握网络信息安全的基础知识；熟悉网络信息安全的相关国家政策、法律法规、标准规范和产业发展动态；掌握国产网络设备、信息安全设备、操作系统、数据库管理系统、中间件、应用软件等方面的知识体系；熟悉相关技术、产品的特点，根据信息安全相关法律法规及业务安全保障要求，能够配置、管理和维护常见的设备及系统；能够对国产信息化体系下的信息系统进行网络安全风险评估和监测，并针对其中存在的安全问题给出整改建议；能够对网络信息安全事件开展应急响应相关工作；具备信息安全工程师的实际工作能力和业务水平。

9. 系统运维工程师

系统运维工程师应当能够熟练、安全地安装和配置相关设备；熟练地进行信息处理操作，记录信息系统运维文档；能正确描述信息系统运行中出现的异常情况；具备一定的问题受理和故障排除能力；能处理信息系统运维中出现的常见问题，保障设备、业务系统的正常运行；具备信息系统运维工程师的实际工作能力和业务水平。

 本章小结

通过学习本章内容，读者可以了解信息化领域的概念、国产信息化领域的发展前景，可以对国产信息化领域关键核心技术、信息技术基础设施等知识有清晰的认识；可以了解国产信息化产业链全景及核心环节，以及产业人才需求及相应的岗位职责，能够对当前我国国产信息化市场、产业布局和参与企业等情况有全面的了解，对产业的人才需求和岗位职责有初步的认识。鼓励相关专业学生及行业人员积极投身于国产信息化行业，推动我国信息技术基础设施的自主创新。

思考题

1. 为什么说以芯片、操作系统、数据库为代表的关键核心技术类产品的成功，不仅需要单点技术的突破，而且需要融入甚至构建新的产业标准和生态？

2. 当前国内外厂商开发的基础软/硬件产品有哪些？发展情况如何？

第2章

基础硬件

　　基础硬件主要包括终端设备、外围设备、网络设备和存储设备等。芯片和存储设备是基础硬件的核心部件。芯片对计算能力的提升起着决定性作用；存储设备在信息化产业的数据保存中占据着基础地位；服务器及终端、外围设备、网络设备是国内厂商最早进入的领域。这些与人们息息相关的设备都有哪些奥秘，让我们一起来探究吧。

2.1 芯片

场景 ●●●

芯片作为 20 世纪的伟大发明，把人类科技水平推上了新的高峰，深刻改变了人类的生活。智能手机、计算机、智能手表等智能设备中有芯片；路由器、U 盘、存储卡、移动硬盘等网络设备和计算机外围设备中有芯片；身份证、银行卡、购物卡、消费卡等证件中有芯片；电视、音响、投影仪、充电器、LED 灯、电子秤、空调、冰箱、微波炉、电磁炉、热水器等家用电器中有芯片；门禁、监控等物联设备也需要芯片，在工业控制、智能制造领域芯片更是必不可少。芯片作为智能设备中的核心部件，类似于人的大脑，承担着设备内部的运算与控制功能，负责协调各部件协同工作并完成信息处理。

想一想 ●●●

1. 你知道你拥有的智能设备中采用的是什么芯片吗？
2. 你知道国内外芯片的发展现状吗？

2.1.1 芯片的概念

1. 什么是芯片

芯片是半导体元器件产品的统称，又称微电路（microcircuit）、微芯片（microchip）、集成电路（integrated circuit）等，是指一切小型化的集成电路，由晶圆切割而成。芯片在每个智能设备中都起到了至关重要的作用，它在各类设备中的地位就像大脑在人体中的地位。芯片被喻为"计算机之心"，是当之无愧的计算与控制中枢，负责指挥设备中的其他部件协同工作。因此，不论是智能手机、PC、可穿戴设备，芯片作为核心部件都是必不可少的。如图 2-1 所示为龙芯 3A5000 CPU 芯片。

图 2-1　龙芯 3A5000 CPU 芯片

2. 芯片的种类

芯片的种类有很多，计算机类的芯片包括 CPU 芯片、主板芯片、内存芯片（DRAM）、闪存芯片（Nand Flash）、I/O 控制芯片、AI 人工智能芯片、GPU 图形处理器芯片等。芯片从用途上大致可以划分为两大类：一类为功能性芯片，如 CPU 芯片；另一类是存储芯片，如闪存芯片。

芯片的基本构成单位是晶体管，每个晶体管有两种状态：开和关，分别用 1 和 0 表示。芯片由大量的晶体管组成，不同的芯片有不同的集成规模，小到几十、几百个晶体管，大到数十亿个晶体管，如高端 CPU 芯片内部集成了几十亿，甚至上百亿个晶体管。

3. 芯片的制造过程

芯片的制造过程极为复杂，大致可分为三个重要的环节，如图 2-2 所示。

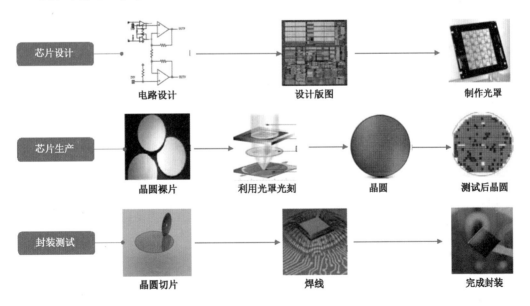

图 2-2　芯片的制造过程

芯片设计：如同工程项目要有蓝图一样，在设计这一步时就必须明确所设计的芯片功能，然后由专业人才进行电路设计。

芯片生产：芯片生产属于高端精密制造，有几百道工序，生产周期最快 3~5 个月，一般需要 5~6 个月。制程工艺是评价芯片生产水平的标准，目前国际先进的已经实现量产的制程工艺为 28nm、16nm、14nm、12nm、10nm、7nm、5nm、3nm，最先进的光刻机已经能够实现 2nm 制程工艺，数值越低表示芯片中能够集成的晶体管越多，工艺越复杂。

封装测试：把生产好的芯片进行封装和测试，确保芯片功能符合设计的预期。当测试的芯片没问题时才能够大规模生产。其中，封装主要是为了实现芯片内部和外部电路之间的连接和保护，测试则是运用各种方法检测芯片是否存在设计缺陷或制造过程导致的物理缺陷。芯片在交付给整机厂商前必须完成封装和测试，这样才能保证芯片能够正常使用。芯片设计制造的产业链长，投入巨大，目前只有少数企业能够实现包括设计、制造、封装、测试在内的完整流程，大部分企业都需根据自身技术优势，完成整个产业链芯片制造的某些环节，因此封装测试通常都是由专门的厂商完成的。随着全球芯片需求量不断增大，封装测试行业的市场规模也保持着持续增长的态势。

4. 芯片的制造工艺

CPU 作为芯片设计领域的明珠，其设计水平、制造工艺代表着芯片行业的发展高度。芯片在近 80 年的发展中，共经历了电子管、晶体管、集成电路、超大规模集成电路四个阶段。

世界上第一个微处理器是 1971 年由 Intel 推出的 Intel 4004，这颗芯片的面积仅为 3mm × 4mm，共包含 2250 个晶体管。Intel 4004 采用 10μm 制程工艺，每秒运算速率可达 6 万次。随着芯片体积的不断缩小，CPU 也不再只是实验室中用于完成科学计算的庞然大物，而成为相关设备的核心部件，走向千家万户。

目前，CPU 采用超大规模集成电路，现代的芯片制造技术可以在一根头发丝的宽度上排列近千根电路连线。个人计算机中的一颗芯片内能够包含少到几十、多到上百亿个晶体管。在一台计算机中，CPU 是复杂度最高、工作最繁忙的部件。

芯片，尤其是通用 CPU 的生产制造需要世界级的高端设备，这也是目前制约各国信息化产业发展的重要因素。随着半导体电路进入纳米时代，意味着晶体管本身的最小尺寸、两个晶体管之间的最小距离都已经进入纳米级别的微观尺度。目前，智能手机 CPU 已经进入 3nm 制程工艺时代，相比之下，硅原子的直径约为 0.1nm，这样算来，1nm 同 10 个硅原子连接起来的长度相近，芯片中两个晶体管之间的距离也就不到 100 个硅原子直径相加的距离。

纳米技术（Nanotechnology）是利用单个原子、分子来制造物质的科学技术。广义来讲，凡是生产制造工具的可控精度在纳米级别或者生产材料的测量尺度在纳米级别的，都可以算是纳米技术。"纳米级别"所涉及的长度为 0.1nm～100nm，是目前微加工技术的极限。

CPU 的纳米制程工艺的专业定义是指"栅极沟道的最小宽度"，如图 2-3 所示。一个晶体管有三个引脚，晶体管导通的时候，电流从源极（Source）流入漏极（Drain），中间的栅极（Gate）相当于水龙头的闸门，负责控制源极和漏极之间电流的通断。栅极的最小宽度就是人们所说的"多少 nm"工艺中的"多少"所代表的数值。

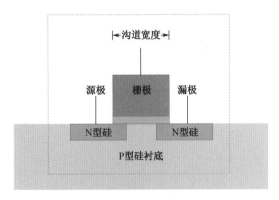

图 2-3　晶体管的栅极沟道宽度

人们常把 CPU 的纳米制程工艺描述为"两个晶体管的间距"，或者描述为"晶体管本身的大小"，从严格的意义上来讲都是不准确的。无论是晶体管的间距，还是晶体管本身的大小，都是大于栅极的沟道宽度的。

栅极的沟道宽度对芯片的功耗和响应速度都有影响。电流通过栅极时会损耗，栅极越窄则芯片的功耗越小。栅极越窄也可以使晶体管的导通时间变短，有利于提升芯片的工作频率和性能。

目前，国内厂商生产的 CPU 生产工艺同国际水平还存在一定差距，国内厂商的芯片制造工艺以 14nm、16nm 和 28nm 为主。国内厂商正不断实现技术突破，其中，上海华力微电子有限公司作为行业内领先的集成电路芯片制造企业，公司拥有华虹五厂、华虹六厂两座 12 英寸（1 英寸约为 2.54 厘米）全自动晶圆厂。华虹五厂建有一条全自动 12 英寸集成电路芯片制造生产线，制造工艺技术覆盖 55nm、40nm 和 28nm 各个节点。2016 年新建的华虹六厂为第二条 12 英寸生产线，设计月产能约为 4 万片，工艺技术从 28nm 起步，具备 14nm 三维工艺的高性能芯片生产能力。

2.1.2 芯片的发展历史和现状

1. 国外芯片的发展历史和现状

19 世纪 30 年代到 20 世纪中期，英国、法国、德国、美国等多国科学家不断发现半导体存在的诸多特性，为后来的电子技术发展奠定了基础。随后，半导体领域开始经历了从电子管、晶体管到集成电路、超大规模集成电路的发展历程。

1946 年，世界上第一台电子数字计算机 ENIAC 在美国宾夕法尼亚大学问世，它占地约 170 平方米，内部大概包含 18000 个电子管，ENIAC 的问世为后来的计算机技术和信息化时代的发展奠定了基础。

1947 年 12 月 23 日，第一块晶体管在美国的贝尔实验室诞生，使晶体管代替电子管成为可能。从 20 世纪 50 年代开始，晶体管逐渐开始替代真空电子管，并最终实现了集成电路和微处理器的大批量生产。

1959 年，美国仙童半导体公司的诺伊斯（Robert Noyce）发明了世界上第一块硅集成电路，1966 年美国贝尔实验室制造出第一块大规模集成电路。

1968 年，影响了信息化产业半个世纪的 Intel 公司创立，并于 1971 年推出全球第一款微处理器芯片 4004。该芯片采用 MOS 工艺制造的 4 位中央处理器（CPU）芯片，集成了 2250 个晶体管。同年，Intel 公司推出 1KB 动态随机存储器（DRAM），标志着大规模集成电路（Large Scale Integrated circuit，LSI）技术趋于成熟。

1974 年，美国 RCA 公司推出第一款 CMOS 微处理器 1802 芯片。该芯片首次采用 CMOS 电路结构，处理器的耗电量更小，维京（Viking）火星探测、伽利略（Galileo）计划等航天项目中都使用了 RCA 1802 微处理器。

1978 年，Intel 公司发布了新款 16 位微处理器 8086。Intel 8086 集成了约 4 万个晶体管，采用 HMOS 工艺制造，+5V 电源，时钟频率为 4.77MHz～10MHz，外部数据总线均为 16 位，地址总线为 4+16 位。Intel 8086 开创了 x86 架构计算机时代。x86 架构是一种不断扩充和完善的 CPU 指令集，也是一种 CPU 芯片内部架构，因其应用广泛，现已成为个人计算机（PC）的行业标准。

1981 年，IBM 公司推出全球第一台个人计算机。第一台 IBM PC 使用了 Intel 8088，主频为 4.77MHz，操作系统采用微软的 MS-DOS。从 IBM PC 机开始，PC 真正走进了人们的工作和生活，标志着计算机应用普及时代的开始，也标志着 PC 消费驱动芯片技术创新和产业发展的时代开启。

1994 年，1GB DRAM 的研制成功，标志着芯片技术进入了巨大规模集成电路（Giga Scale Integrated circuit，GSI）时代。

1999 年，鳍式场效晶体管（FinFET）技术研发成功。当晶体管的尺寸小于 25nm

时，传统的平面晶体管尺寸已经无法缩小，FinFET 的出现将晶体管立体化，使得晶体管密度进一步加大。

FinFET 技术被公认为半导体技术发展 50 多年来的重大创新，也成为现代纳米电子半导体器件制造的基础，目前 7nm 芯片即是使用 FinFET 进行设计的。

2010 年，采用领先的 32nm 工艺 Intel 酷睿 i 系列全新推出，其中包括 Corei3 系列（2 核心）、Core i5 系列（2 核心、4 核心）、Core i7 系列（2 核心、4 核心和 6 核心）、Core i9（最多 12 核心）系列等，下一代 22nm 工艺的版本也陆续推出。2011 年，Intel 推出了商业化的 FinFET 工艺，用在了其 22nm 的工艺节点。

在 Intel、AMD 公司专注于桌面及服务器芯片技术发展的同时，20 世纪 90 年代出现的移动互联网技术成为推动芯片技术进步和产业发展的新动力。在新的移动互联网行业赛道中，涌现出了耀眼的新星。

1991 年，ARM 公司通过出售精简指令集计算机（RISC）微处理器（CPU）IP 授权，建立起一种全新的微处理器设计、生产和销售的商业模式。ARM 公司支持全球许多著名的半导体企业、芯片设计公司、软件和原始设备制造厂商开发自己的芯片和整机产品，培育了一个庞大的 ARM CPU 和 SoC 芯片家族。ARM 公司通过 IP 授权的经营模式支持了大批中、小、微纯芯片设计公司的发展壮大，实现了芯片设计的快速迭代和产业的快速发展，凭借其成功的商业模式，ARM 公司的触角已由其主营的移动终端领域，逐步向桌面 PC 及服务器领域延伸，并已成为令 Intel 不容小觑的新生力量。截至 2022 年第二季度，ARM 公司营收达 7.19 亿美元，其中授权收入达 4.53 亿美元，ARM 芯片出货量超过 74 亿颗。

2. 国内芯片的发展历史和现状

20 世纪 50 年代中期，我国的半导体产业开始发展。1956 年，电子工业被列为重点发展目标，中国科学院成立了计算技术研究所。1958 年，上海组建华东计算技术研究所、上海元件五厂、上海电子管厂、上海无线电十四厂等。

1960 年，夏培肃院士自行设计的 107 计算机研制成功，并被安装在中国科学技术大学。1965 年，中国自主研制的第一块单片集成电路在上海诞生。

1972 年，我国开始引进技术，到 1975 年，上海无线电十四厂成功开发出当时国内最高水平的 1024 位移位存储器，达到国外同期水平；同年，中国科学院 109 厂生产出我国第一块 1024 位动态随机存储器。

在芯片产业中，芯片设计复杂程度最高、难度最大的是 CPU 芯片，国内设计 CPU 的厂商屈指可数，最有影响力的代表厂商有 6 家，分别是龙芯、申威、飞腾、鲲鹏、海光和兆芯，6 家厂商代表了三条不同的技术路线。

第一条技术路线：以龙芯和申威为代表的自主研发路线。龙芯自主研发指令集系统（龙芯发布了自主指令集架构 LoongArch，该指令集具有完全自主知识产权并通过了第三方权威机构的评估），自主编写 CPU 源代码，自建软件生态，建立了一个相对独立于 Windows+Intel 与 Android+ARM 之外的第三个体系。

第二条技术路线：以飞腾和鲲鹏为代表的 ARM 授权路线。厂商需要购买 ARM 授权（如 V8 授权），融入 ARM 现有生态，指令集不可自主扩展。

第三条技术路线：以海光和兆芯为代表的 x86 合资技术路线。厂商采用的是 x86 路线，指令集控制得很严格，不对外授权，指令集也不可自主扩展，只能融入现有 x86 生态体系。

自主研发、ARM 授权和 x86 合资的技术路线都有其优缺点。自主研发可能带来更高的安全性，但国际竞争中的影响取决于多种因素。采用 ARM 或 x86 授权的厂商有很多成功案例，关键在于如何利用好生态资源和掌握关键核心技术。

各个厂家在芯片领域深耕多年，已研发设计出多款产品，并在很多领域有成熟应用。表 2-1 和表 2-2 分别按照桌面计算机 CPU 和服务器 CPU 两大类展示了当前国内厂商生产的有代表性的 CPU 产品。

表 2-1　国内厂商生产的桌面计算机 CPU 的型号及主要指标

厂家	型号	指令集	主频（GHz）	核数
龙芯	3A5000	LoongArch	2.3/2.5	4
华为	鲲鹏 920	ARM v8	2.6	4/8/24
飞腾	FT-2000	ARM v8	2.6	4
兆芯	ZX-E	x86	2.7	8

表 2-2　国内厂商生产的服务器 CPU 的型号及主要指标

厂家	型号	指令集	主频（GHz）	核数
龙芯	3C5000L	LoongArch	2.2	16
华为	鲲鹏 920	ARM v8	2.6	32/48
飞腾	FT-2000	ARM v8	2.2	64
海光	C86	x86	2.0	16/32
兆芯	ZX-E	x86	2.7	8

2.1.3　芯片的发展机遇及发展前景

1. 芯片的发展机遇

作为 20 世纪伟大的发明，芯片几乎已经存在于人之所及的各类场景中，无论是个人智能产品、家用电子产品、各类厨房家电，还是工业智能制造、航天信息应用和高性能科学计算，都离不开芯片这颗"大脑"，并且随着新型信息化产业对芯片需求量的不断攀升，越来越多的人意识到芯片的重要性。

作为全球最大的芯片消费市场，我国的芯片进口规模持续上涨。从国家统计局和中华人民共和国海关总署公布的数据来看，2021年，我国集成电路进口额已达到27934.8亿元，进口数量也增长至6354.81亿个，超过石油的进口额，成为第一大进口商品。

随着数字经济的蓬勃发展，以及云计算、人工智能、大数据等新一代信息技术的广泛应用，行业数字化转型及关键信息技术基础设施建设也成为拉动经济的新支点，滚滚而来的数字经济浪潮，催生了软/硬件升级的强劲需求。国内的芯片设计制造企业作为信息化核心基础组件提供商，迎来了巨大机遇。

相比于发达国家，我国在集成电路领域起步较晚，半导体材料、光刻机等关键技术与先进国家存在一定差距，相关产业亟待发展。国内厂商在半导体制造上"多点开花"，并取得了一系列的成就。

在芯片制造方面，作为国内集成电路制造业领导者的中芯国际集成电路制造有限公司表示，目前公司的28nm、16nm、14nm、12nm及N+1制程工艺已经成功实现规模量产，基本能够满足芯片制造要求。

江苏南大光电材料股份有限公司自主研发的ArF光刻胶产品已通过客户认证。作为芯片制造过程中的关键材料，南大光电能够批量生产ArF光刻胶意味着在光刻胶市场和芯片关键制造工艺领域取得了突破，在一定程度上促进了国内芯片制造业的发展。

龙芯中科技术股份有限公司成功发布LoongArch指令架构，构建了基于自主指令系统的产业生态，为国内芯片制造业的发展提供了坚实基础。

此外，随着芯片尺寸的不断缩小，硅基芯片逼近物理极限，芯片性能提升潜力遭到质疑，亟待有新的前沿技术引领芯片发展。碳基半导体技术的出现被认为是后摩尔时代的颠覆性创造，为芯片性能提升提供了创新思路。2021年5月，北京大学经过近20年的努力，实现了碳基芯片的技术突破，找到了实现高纯度碳纳米管整齐排列的新工艺，另外，8英寸石墨烯晶圆的问世，攻克了让无数企业望而却步的石墨烯提纯难题，将助力国内厂商制造出性能更优越的碳基芯片。

创新技术的不断发展，将为国内厂商在芯片领域的发展带来新希望。

2. 芯片的发展前景

目前，以集成电路为核心的电子信息产业超过了以汽车、石油和钢铁为代表的传统产业成为第一大产业，成为改造和拉动传统产业迈向数字时代的强大引擎和雄厚基石。目前，发达国家国民经济总产值增长部分的65%都与集成电路相关，预计未来10年，世界集成电路销售额仍将以每年10%以上的速度增长。

集成电路的集成度和产品性能每18个月基本上都会增加一倍。据专家预测，今后 20 年左右，集成电路技术及其产品仍将遵循这一发展规律。由于整机系统不断向轻、薄、小的方向发展，集成电路结构也将从功能上由简单转向更为复杂和智能。另外，集成电路的制造工艺水平一直在持续提升，国际最先进工艺水平已突破 7nm、5nm、3nm，工艺水平的持续提升，推动了芯片集成水平的持续提升，芯片单位面积内能够集成更多的晶体管，功耗水平持续降低，性能持续提升。例如，SoC 作为系统级集成电路，能在单一硅片上实现信号采集、转换、存储、处理和 I/O 等功能，将数字电路、存储器、MPU、MCU 等在一块面积不足一平方厘米的芯片上集成一个完整的系统，此举降低了成本，降低了功耗，减小了芯片面积，提高了性能，实现了集成电路技术的再次飞跃。

随着我国经济发展方式的转变、产业结构的调整，以及新型工业化、信息化、城镇化、农业现代化的同步发展，将给集成电路带来巨大的市场需求，集成电路产业将获得更多的国内市场支撑。

从全球范围看，集成电路制造产业正在发生着第三次大转移，即从美国、日本及欧洲发达国家向中国、东南亚等发展中国家和地区转移。近几年，在下游通信、消费电子、汽车电子等电子产品需求的拉动下，以我国为首的发展中国家的集成电路市场需求正在持续快速增加。未来伴随着制造业智能化升级浪潮，高端芯片需求将持续增长，也将进一步刺激发展中国家集成电路行业的发展和产业迁移进程。

基于上述分析，未来集成电路制造行业仍将保持较快增长，预计到 2026 年，集成电路制造业市场规模将达到 7580 亿元，2020—2026 年年均复合增长率预计将保持在 20% 左右。

2.1.4 与芯片相关的就业岗位

芯片设计制造可分为芯片设计、芯片生产、封装测试这三个主要环节，从 EDA 到设计，从材料到生产制造，再到封装测试及应用，行业包含的岗位也较多，下面主要介绍芯片设计及设计验证相关岗位要求，为希望从事相关工作的人员提供参考。

1. 芯片设计岗位

芯片设计可分为数字电路设计和模拟电路设计两个方向。

（1）数字电路设计方向通常包含架构工程师、验证工程师、DFT 工程师、后端设计师等技术岗位，相关岗位工作内容及技能要求如下。

架构工程师：能够规划并设计芯片的系统功能及性能等，可对芯片进行软/硬件划分，完成芯片架构方案设计；能够完成设计分工并定义芯片功能及性能；能够搭建顶层架构并完成建模、高层次仿真。

数字 IC 设计工程师：能够根据芯片功能及性能设计目标，使用硬件描述语言 Verilog HDL 完成各模块功能的 RTL 设计。

DFT 工程师：能够参与 DFT 设计架构规划，开发先进的 DFT 设计流程；负责完成芯片的 DFT 设计方案，包括存储器内建自测试设计、存储器内建自修复设计、扫描测试设计及高速接口测试设计和 IP 测试等；负责全芯片的 ATPG 流程，完成测试向量的交付；负责完成 DFT 设计的前仿及后仿验证；负责 DFT 设计相关的 Spyglass 检查和静态时序分析等；负责协助 ATE 测试工程师进行测试向量调试和诊断。相关从业人员应具备 DFT 设计经验、数字电路前端设计经验、静态时序分析经验；熟悉逻辑综合流程及工具，熟悉 Synopsys TestMAX 测试设计流程，熟悉 Mentor tessent 测试设计流程；了解集成电路 ATE 测试流程，具备 CP/FT 测试调试经验。

可测性设计测试工程师：主要负责全芯片的测试计划和测试结构定义，从事 DFT 设计流程改进、DFT 的实现和验证；负责 DFT 各个测试项的前仿，后仿验证及测试向量生成；能够完成 DFT 相关的 STA/power/IR 方面的 Signoff；设计、执行和检验其他 DFX；能够完成芯片 ATE 测试和良率分析，负责解决芯片量产过程中出现的任何测试问题。相关从业人员应了解 IC 设计流程和相关 DFT 工具；了解 Verilog 和 SV 语言，具备熟练的语言脚本技能（如 TCL、Perl、Python 等）；具备 ATE 操作经验。

验证工程师：主要负责搭建验证环境，设计测试向量并收集验证覆盖率，确保 RTL 设计满足芯片功能及性能设计要求。从业人员应熟悉验证工具，会使用 SV 和 UVM 搭建验证环境，能够编写测试用例。

后端设计师：主要负责 RTL 综合出门级网表，布局布线、时序分析、DRC/LVS 等，在保证需求的基础上减少面积、降低功耗。从业人员应具备熟练的脚本编写技能，如 TCL、Python 等；熟练使用主流的后端设计 EDA 工具。

FPGA 验证工程师：能够将逻辑设计实现到 FPGA 上，具备初步调试能力。相关从业人员应熟练掌握 Xilinx 的 FPGA 开发基本流程；熟练使用 ISE、Vivado 等 FPGA 开发软件；从事过流片芯片的 FPGA 原型验证工作，熟练掌握大型芯片的划片分割、时序优化等。

芯片测试工程师：能够参与芯片功能及性能定义，整理芯片设计和验证文档；负责 IP 设计、系统集成、量产测试设计和芯片的回片测试支持；负责开发 FPGA 平台，配合软件工程师完成 FPGA 平台开发。相关从业人员应具备扎实的计算机体系结构知识，了解芯片设计的基本流程和结构设计；熟悉 Verilog、C 等编程语言，熟悉 Linux 操作系统。

封装测试工程师：主要负责芯片封装方案设计与评估；负责芯片 Ball map 排布与基板设计；负责信号完整性电源完整性等仿真的审核工作；负责与芯片后端设计部门对接，评估 bump 排列及提出修改建议；负责与封装厂工艺对接，解决生产过程中的各种问题。从业人员应具备封装设计相关经验，了解芯片封装设计相关发展方向；熟悉封装设计相关设计软件。

（2）模拟电路设计方向主要包括模拟电路设计工程师和版图设计师等技术岗位，岗位及技能要求如下。

模拟电路设计工程师：能够根据项目需求，设计方案及电路，根据性能可靠性要求对电路进行优化，根据电路特点对版图设计提供指导支持，对版图进行后防及 DFM 验证；熟悉 BUCK、BOOST 等 DC-DC 拓扑电路，熟悉 LDO 电路，熟悉电源芯片辅助电路，具备扎实的模拟电路基础。从业人员应掌握 Skill、TCL、Perl 等编程语言；了解并掌握 Linux 操作系统、Linux 常用命令的使用；掌握集成电路设计流程设计，如 Top-Down、Full-Customer、Front-end 和 Back-end 等。

版图设计师：主要负责 PCB 和芯片基板的 layout 设计；完成 layout 评估、布局、布线工作，熟悉高速信号 PCB 设计规则；负责跟踪 PCB 制版及生产工艺过程中的工程问题，收集并解决 layout 相关生产问题。相关从业人员应熟练使用 Allegro 软件进行 PCB 设计；熟悉 PC、服务器等主板结构及设计规则；熟悉 PCB 加工工艺及 PCBA 加工流程。

2. 与岗位相关的专业名词

（1）IP 核（Intellectual Property core）。

IP 核是指芯片中具有独立功能的电路模块的成熟设计。该电路模块设计可以应用在包含该电路模块的其他芯片设计项目中，从而减少设计工作量，缩短设计周期，提高芯片设计的成功率。该电路模块的成熟设计凝聚着设计者的智慧，体现了设计者的知识产权。因此，芯片行业用 IP 核来表示这种电路模块的成熟设计。

（2）可测试性设计（design for testability，DFT）。

可测试性设计是一种集成电路设计技术，它将一些特殊结构在设计阶段植入电路，以便设计完成后进行测试。

（3）Tape out。

Tape out 也可写作 Tape-out 或 Tapeout，原意是指"下线"，在半导体产业中是指集成电路（IC）或印刷电路板（PCB）设计的最后步骤，即送交制造。

（4）集成电路可制造性设计（Design For Manufacturability，DFM）。

集成电路可制造性设计主要研究产品本身的物理设计与制造系统各部分之间的相互关系，并把它用于产品设计中，以便将整个制造系统融合在一起进行总体优化。

（5）自动测试设备（Automatic Test Equipment，ATE）。

自动测试设备在半导体产业中特指集成电路（IC）自动测试设备，用于检测集成电路功能的完整性，主要用在集成电路生产制造的最后流程，以保证集成电路生产制造品质。

2.2 存储

 场景 ●●●

　　双十一购物狂欢节，是指每年 11 月 11 日的网络促销日，双十一已成为我国电子商务行业的年度盛事，并且逐渐影响到国际电子商务行业。2021 年，"天猫双 11 全球狂欢节"总交易额为 5403 亿元，"京东双 11 全球好物节"总交易额为 3491 亿元。在双十一期间全国订单量高达 68 亿件，这也伴随着海量数据的产生，数据存储设备也面临着超高的挑战。随着互联网的飞速发展，IT 基础设施的重要性更为突显，金融行业更是如此。银行的业务系统也在不断的信息化和互联网化，除了传统的交易方式，新型互联网业务更是对银行 IT 基础设施系统提出了新的巨大的挑战，每一笔交易数据都关系着资金流动和数据安全，及时、可靠的数据存储设备成为重中之重。

想一想 ●●●

1. 银行是如何做到数据不丢失的呢？
2. 银行采用的数据存储设备应该具备哪些存储技术？

2.2.1 存储的概念及发展历史

1. 存储的概念

　　存储是指根据不同的应用环境，通过采取合理、安全、有效的方式将数据保存到某些介质中，并能保证有效访问。一般来讲，存储包含两个方面的含义：一方面是指数据临时或长期驻留的物理媒介；另一方面是指保证数据完整安全存放的方式或行为。通俗地可以理解为存储介质就像一个蓄水池，而池中的水就是人们存储的数据，人们在访问特定的数据时就像用盛水的瓢将人们所需要的水从蓄水池中取出来一样。

2. 存储设备的发展历史

　　古人用树枝和石头记录数据是存储的一种最原始的形态。后来，人们用铁器在石头上刻画符号，文字初步形成，造纸术的发明使得人们可以将信息记录在书本上，毕昇用泥活字革新了印刷术，开启了书本的大量印刷时代；再后来，激光打印取代了活字印刷；进入信息时代，出现了选数管、穿孔卡、穿孔纸带、磁带、磁鼓存储器、硬盘驱动器、软盘、光盘、Flash 芯片、磁盘阵列等各种不同形式的数据存储设备。

　　选数管：20 世纪中期出现的电子存储装置，是一种由直观存储转为机器存储的装置，如图 2-4 所示。

　　穿孔卡：穿孔卡用于输入数据和程序，如图 2-5 所示，是一条由 Fortran 程序表达式 Z(1)=Y+W(1)所对应的穿孔卡。

图 2-4　选数管

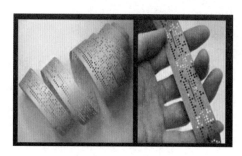

图 2-5　穿孔卡

　　穿孔纸带：穿孔纸带用来输入数据，输出数据同样也需要用穿孔纸带。它的每一行都代表一个字符，如图 2-6 所示。

　　磁带：磁带是从 1951 年起被作为数据存储设备使用的。如图 2-7 所示为最早的磁带，配套的磁带机每秒可以读取 7200 个字符。20 世纪 70 年代后期到 20 世纪 80 年代，出现了小型的盒式磁带，如图 2-8 所示。

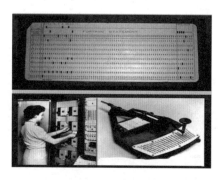

图 2-6　穿孔纸带

图 2-7　磁带

　　磁鼓存储器：最初于 1932 年在奥地利被创造出来，在 20 世纪 60 年代左右被广泛使用，通常作为内存，容量大约为 10KB，如图 2-9 所示。

　　硬盘驱动器：第一款硬盘驱动器是 IBM Model 350 Disk File，于 1956 年生产，其中包含了 50 张 24 英寸盘片，总容量不到 5MB，如图 2-10 所示。

　　软盘：软盘在 1971 年由 IBM 生产，从 20 世纪 70 年代中期到 20 世纪 90 年代末期被广泛使用，最初为 8 英寸盘，之后有了 5.25 英寸盘和 3.5 英寸盘，如图 2-11 所示。

图 2-8　盒式磁带

图 2-9　磁鼓存储器

图 2-10　硬盘驱动器

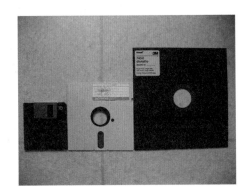

图 2-11　软盘

　　光盘：早期的光盘主要用于电影行业，第一款光盘于 1987 年进入市场，直径为 30 厘米，每面可以记录 60 分钟的音频或视频，如图 2-12 所示。

　　Flash 芯片：随着集成电路技术的飞速发展，20 世纪后期固态硅芯片出现了，其代表有专用数字电路芯片、通用 CPU 芯片、RAM 芯片、Flash 芯片等。其中，Flash 芯片是用于永久存储数据的芯片，如图 2-13 所示。Flash 芯片集成 USB 接口的小型便携存储设备为 U 盘，或者说是闪存，如图 2-14 所示。存储卡其实是另一种形式的 Flash 芯片集成产品，如图 2-15 所示。

图 2-12　光盘

图 2-13　Flash 芯片

图 2-14　U 盘

图 2-15　存储卡

　　硬盘阵列：进入 21 世纪后，随着网络日益发达，人们可以通过计算机来实现自己原本实现不了的想法，"信息爆炸"更是导致数据量成倍增大。于是，硬盘的容量也在不断"爆炸"，目前的硬盘已经可以在一个盘体内实现 20TB 的容量。然而，单块磁盘目前所能提供的存储容量和速度已经远远无法满足需求，所以磁盘阵列应运而生。例如，存储厂商腾凌科技所生产了基于龙芯的自主化磁盘阵列，如图 2-16 所示。

图 2-16　磁盘阵列

2.2.2　存储技术的发展现状及趋势

1. 存储技术的发展现状

　　经过几十年的发展，国内厂商的存储技术发展比较成熟，当前主要在存储介质、协议、网络、软件功能方面进行了升级和优化。随着音视频、物联网等海量数据的产生，云计算、大数据、AI 等技术的应用，存储产生了新的使用场景，带来了产品和技术的演进需求。

　　从全球市场来说，国内存储厂商平均能力与国外厂商相比还有一定差距。人工智能、大数据、5G 等技术的发展使得数据量呈现指数级增长，数据激增使得存储需求飞速增长，为存储带来了新需求、新挑战和新机遇，这不仅驱动了存储技术革新，也推动了存储技术发展，为存储带来了翻天覆地的变化。

2. 存储技术的发展趋势

　　在当前互联网的发展影响下，数据明显具有了以下特征：数据量快速增长、数据类型快速增加、数据分析速度快速提升。在这三种明显特征的加持下，未来几年数据存储将有以下趋势。

　　（1）智能化存储趋势。

　　人工智能无处不在，这已成为存储的一种"新常态"。

随着大数据、人工智能等技术兴起，在"存储圈"中，"自动感知"、"提前预测"和"主动维护"等词汇被提及的频率越来越高。存储不再是一个个冰冷冷的"铁盒子"，而是越来越有"智慧"。各大厂商也在通过对机器日志数据的分析来实现设备的实时监控、风险预测、主动维护等更多智能化功能。

（2）闪存存储趋势。

在市场中，闪存盘与机械式硬盘之间已经不是所谓的共生或互补关系，而是替代和超越的关系。在企业级应用中，闪存不是可选项，而是必选项。闪存并不是在原有存储阵列上简单地用固态硬盘（SSD）替换机械硬盘，存储介质的改变也改变了原有的架构。尽管目前闪存设备的软/硬件优化还有很多工作要做，但这并不影响全闪存阵列在企业级存储市场的大规模应用。

（3）超融合存储趋势。

人们越来越关注使用辅助存储来优化主要存储容量。辅助存储设备可以释放主存储的压力，使其他应用程序更容易访问数据。超融合存储可以理解为将多个物理主机合并成一个计算存储资源，并进行合理化的划分。

通过利用超融合存储基础架构，企业能够获得自建基础架构无法提供的灵活性和便利性。尽管超融合存储的成本确实更高，但其潜在的收益远远超过这些额外成本的价值。例如，在需要同时考虑性能和成本的情况下，可以使用自动存储分级（AST）在各种形式的磁盘存储之间移动数据。

（4）云存储趋势。

云存储通过利用公有、私有和混合云，大大提高了存储的效率。这样做还可以通过多云存储来增加对数据的访问。

数据存储方式的变化同时也在驱动着 IT 市场的变革，在这样一个数据至上的时代，作为数据持久化的载体，存储系统除了要具备安全可靠这一基本特质，简单、弹性和高效也将成为未来存储系统必备的特质。

3. 相关存储厂商的优势

（1）戴尔。

戴尔是全球知名的 IT 服务供应商，当前戴尔存储设备可帮助企业实现 IT 自动化，其涉及存储产品种类有主存储系列、非结构化数据存储系列，可应用于各种环境。其产品优势如下。

主存储：具有可扩展性、智能性和云集成的特性，能够充分释放数据的价值。从核心到边缘再到云端，加快关键工作负载的运行速度，同时通过高级重复数据消除功能，减少了应用程序中断并降低了存储要求。

非结构化数据存储：可从容应对非结构化数据的快速增长，能够高效整合各种规模的文件和对象存储工作负载。

（2）华为。

华为创立于 1987 年，是全球领先的 ICT（信息与通信）基础设施和智能终端的提供商，当前华为存储技术处于国内领先水平，其涉及存储产品有全闪存存储、混合闪存存储、微存储、分布式存储、全场景数据保护和 FuisonCube 超融合基础设施等产品，可广泛应用于金融行业、大型企业、政府机构及运营商等领域。其产品优势如下。

全闪存存储：可以为不同行业、规模、应用场景提供多样化的产品选择，帮助企业更快地实现数字化转型。

混合闪存存储：满足严苛的可靠性和性能弹性增长需求，深度融合 NAS、异构、备份、免网关一体化双活等特性，为企业提供稳定可靠、融合高效的数据存储服务。

分布式存储：可为企业虚拟化/云资源池、大数据分析、高性能计算（HPC）、视频、内容存储/备份归档等类型应用提供多样性存储服务，帮助企业释放海量数据价值。

全场景数据保护：围绕数据的全生命周期，实现热数据全容灾、温数据热备份、冷数据温归档和全场景智能融合，保证企业业务不中断、数据不丢失、信息长期留存。

（3）腾凌科技。

腾凌科技是集存储产品、企业网盘、数据备份、计算、网络等数据管理产品为核心的高科技企业，通过自主研发推出了混合存储、全闪存储系列、分布式存储系列产品，能够为客户提供完善的存储基础架构，满足客户自主创新需求。腾凌产品广泛应用于政务、教育、广电和医疗领域。其产品优势如下。

混合存储：可提供高性能自主创新存储服务，拥有自主生产设计的存储加速板块，可为企业提供安全可靠、性能优异的存储系统。

全闪存储：可提供先进的硬件平台、优秀的智能算法和先进的 NVME 架构，可以为企业保障核心业务全天不中断的高性能存储服务。

分布式存储：可提供统一的高可扩展的对象存储、块存储和文件存储服务。支持丰富的存储功能，包括分布式系统最基本的横向扩展、动态伸缩、冗余容灾、负载平衡等；支持生产环境滚动升级、多存储池、延迟删除；支持存储集群的快照、EC 纠删码、跨存储池缓存等高性能存储服务。

（4）同有科技。

北京同有飞骥科技股份有限公司（简称"同有科技"）深耕存储行业三十余年，是从芯片到系统的全产业链专业存储厂商，是国内第一家上市的企业级专业存储厂商。同有科技存储产品涉及闪存系列、企业存储系列和分布式存储系列等存储产品，可应用于政府行业、金融行业、能源行业、科研行业以及教育行业等，可为全球用户提供高效安全融合的存储服务。其产品优势如下。

闪存系列：具有高性价比、安全存储、性能优异、灵活方便和专业的存储架构的新一代全闪存产品。

企业存储：具有功能丰富、便捷实用、远程复制、数据销毁的存储产品。

分布式存储：具有千万级 IOPS、TB 每秒级带宽及百亿级小文件共享的强大存储效能，契合气象气候、地质勘探、视频渲染、航空航天、工程计算、边缘计算、材料工程、基因测序等高性能计算和超算中心应用场景。

2.2.3　存储的关键技术及应用场景

1. 应用场景

金融行业对存储的高性能、高可靠、高效率有着很高的要求，硬件设备多点故障、突发事件和自然灾害都会引发数据的响应延时或数据丢失，进而造成 IT 服务中断，最终影响业务的运营。"双活"、"高可用"和"多点备份恢复"等存储技术的应用可以有效提升存储的总体可用性、IT 服务和业务运营的抗风险能力，保证数据的安全存储与访问。

伴随着互联网技术及人工智能的发展，各种基于海量用户/数据/终端的大数据分析及人工智能业务模式不断涌现，同样需要充分考虑存储功能集成度、数据安全性、数据稳定性，系统可扩展性等各方面因素。存储设备的"高性能"和"高扩展"等存储技术的应用，可以有效保障存储数据的安全与稳定，提高数据的抗风险能力。

2. 存储关键技术

（1）高性能技术。

高性能技术是以高性能硬件为基础，高性能软件充分发挥硬件的性能，达成产品高性能服务的技术。存储厂商通过高性能的存储硬件与自主研发的高性能系统平台的技术结合来实现设备的高性能运转。

（2）高可靠技术。

高可靠技术包括数据一致性和业务连续性两个维度，在技术实现层次上，包括部件可靠性、系统可靠性、解决方案可靠性三层。存储设备厂商通过存储设备的双控技术、存储双活技术、数据冗余恢复技术和在线恢复技术等来保证数据的一致性和业务的连续性。

（3）硬盘虚拟化技术。

存储厂商通过硬盘虚拟化技术，将存储硬盘按需求进行分块，从而实现资源的按需分配。通过数据重删技术和数据压缩等技术对数据进行缩减，可以有效提高设备工作效率。

（4）高可用技术。

高可用技术包含设备容量扩展和设备的应用管理等方面。由于业务运行的需求是逐步增长的，所以存储的运行规模（包括横向性能扩展和纵向容量扩展）需要随着业务运行需求的增长而按需扩容。存储厂商通过磁盘扩展技术（使用设备后端磁盘扩展口连接磁盘扩展柜来增加磁盘数量）实现设备容量扩展，同时厂商自主开发的智能存储平台也简化了设备操作能力，提高了设备的可用性。

2.2.4 与存储相关的就业岗位

随着互联网的飞速发展，IT基础设施的重要性更为突显，海量的数据存储为存储设备带来了极高的挑战，因此对存储设备的运营和维护也有了更高的要求，与存储相关的人才需求量增大，与存储相关的岗位也越来越多。

（1）服务器存储工程师。

服务器存储工程师主要负责服务器、存储系统项目实施和技术支持工作；负责服务器、存储、虚拟化等系统的项目安装调试、运行维护、技术支持工作；负责服务器、存储、虚拟化产品项目管理、交付验收和用户培训等工作。

（2）备份存储工程师。

备份存储工程师主要负责基础架构备份、存储、容灾相关的高可用建设、运维和优化；负责分析客户对备份、存储、容灾相关的需求，制定响应方案及应对计划；负责对备份、容灾、存储系统的日常维护。

（3）高级存储工程师。

高级存储工程师主要负责平台的日常开发、运维工作；负责制定业务系统的备份策略，并对备份文件进行检查；负责定期提供对存储设备的可用性分析，提出优化方案；负责研究新存储技术，并根据实际情况，在企业内推广。

（4）存储产品经理。

存储产品经理主要负责行业领域服务器、存储相关产品解决方案设计、开发工作，并根据业务场景需要提供合适的设计方案选型及设计，分析技术、业务及行业的发展趋势及竞品动态，制定解决方案规划及技术架构演进路线等。

（5）存储开发工程师。

存储开发工程师主要负责大规模分布式、集中式存储系统的研发与改进；负责存储系统核心模块设计、编码和维护工作；负责持续优化存储产品性能、提高产品稳定性；负责分布式、集中式存储等基础技术研究，实现业界新技术在存储系统中的应用。

2.3 服务器及终端

📽 **场景** ●●●

　　随着信息技术的飞速发展，在日常学习、工作、生活中人们会使用各种信息系统。例如，人们在使用手机时会通过微信传递信息，通过各类网站或搜索引擎检索信息等。在信息系统正常工作和运行的背后，服务器为其正常工作提供了强有力的算力保证，而终端给予用户最直接的呈现方式，服务器和终端作为信息时代基本的算力提供单元，不断推动着整个社会的数字化进程。国内的服务器和终端产品在20世纪 90 年代几乎全部依赖进口。近几年来，随着国内市场广阔的发展前景，国产服务器及终端产品层出不穷，并逐步得到广泛应用。

💡 **想一想** ●●●

　　1. 服务器及终端有哪些基本的分类呢？其基本的发展历程和著名的厂商有哪些？

　　2. 假设你作为企事业单位信息化中心的负责人，单位的信息系统要基于国内厂商的产品进行从软件到硬件的升级，目前市场上又有哪些典型的国产服务器及终端产品可以选择呢？

2.3.1 服务器

1. 服务器的概念和作用

　　服务器是一种在信息化时代广泛应用的后台计算设备，旨在处理请求并为其他程序、设备或客户端提供服务。通常，服务器具有比个人计算机更大的处理能力、更高的内存和更多的存储空间。服务器的数据处理规模大、提供服务的实时性高，在数字经济的应用场景下会作为云计算中大型私有云及公有云的基本组成单位来使用。在云计算模式下，小到数十台、大到上千台服务器构成计算资源池为用户提供动态化、弹性化的计算资源。

2. 服务器发展历史

（1）服务器整体行业发展历史。

服务器按体系架构可分为两种：x86 服务器和非 x86 服务器。今天的 x86 服务器已成为市场的绝对统治者，牢牢控制着超过 99％的服务器市场，但是在 20 世纪 80 年代到 20 世纪 90 年代，服务器市场一直被非 x86，也就是 RISC 阵营牢牢控制。不论是 IBM 公司的 Power 还是 SUN 公司的 Sparc 都曾是市场的绝对统治者。而大型机、小型机的名字也正是在那一时期诞生的。

从名字来看就可知道两者最直观的区别在于体积，而除此之外在价格、性能上也会有所区别。由于那个时期不论是网络还是分布式计算都尚未诞生，因此如果需要大型计算能力就需要特殊的服务器集群。以 IBM 的大型机为例，之所以直到今天还拥有一席之地，完全在于几十年来全球的银行业务基本都建立在 IBM 大型机之上，若想迁移到 x86 服务器上并不是一件容易的事情。

但在小型机市场则是另一番景象。随着 20 世纪 90 年代英特尔开始进入服务器市场，小型机和 x86 服务器开始了长达二十年的竞争。小型机厂商拥有自己独特的专利和制造体系，由于互不兼容，各家在对抗开放的 x86 服务器阵营时明显力不从心。尽管早年的 x86 服务器在稳定性、维护性等指标上远不如小型机，但是随着技术的进步及健康的生态圈，小型机仅仅用了不到 20 年就迅速占领了整个服务器市场。与此同时曾经叱咤风云的小型机厂商要么转型，要么被收购，要么倒闭。

进入云计算时代之后，看似坐稳江山的 x86 服务器阵营也面临着新的挑战。在分布式计算架构技术日益成熟之后，随着计算量及计算需求的改变，不论是 ARM，还是显卡制造商，或是 FPGA、ASIC 等都开始变得越发活跃起来。未来服务器将会采用多类型芯片混搭的方式，主要依赖 x86 CPU 提供计算力的时代将会结束，而这也将给所有芯片制造商带来全新机会。

（2）国内服务器的发展历史。

20 世纪 90 年代初期，国内厂商生产的服务器出现了，继而如雨后春笋般，国内服务器厂商开始进入市场，直至今日涌现出联想、曙光、浪潮、华为、宝德、强氧、超云、方正等一批国内服务器厂商。

1993—1999 年是国产服务器的诞生与成长期。浪潮研制出我国第一台服务器产品 SMP2000，如图 2-17 所示。1995 年，联想第一台 PC 服务器诞生。

2000 年，高端服务器市场销量占整体服务器市场比例仅仅为 4％，而贡献的销售额却占到 53％，IBM、惠普等公司占据着高端服务器市场。国内服务器厂商着眼中低端领域，但在文件服务器、E-mail 服务器、Web 应用服务器、负载均衡服务器、NAS 服务器等方面，开始学习国外厂商服务器面向用户进行定制化服务。

图 2-17　服务器 SMP2000

2001 年，联想制定服务器策略为"全面合作和全面服务"，以"做您身边的服务器专家"的名义全面推广其产品。浪潮由传统硬件平台厂商转向全方位的产品和增值服务提供商。

中科曙光走高低端穿透策略，通过超级服务器"天潮"的销售收获预期利润，同时以低价的 PC 服务器"天阔"系列在低端服务器领域出售。国内服务器厂商开始从"以产品为中心"模式向"以客户为中心"模式转型。曙光服务器在北京大学和清华大学、CERNET 网络等涉及的相关项目中成为基础设施端硬件选择产品。之后，著名的清华 BBS 服务的后台支撑工作也由曙光"天演"服务器进行支持。

2002 年，作为上游厂商，Intel 对其计算机芯片的路线图进行再规划，在性能方面，拉开主要针对服务器和专业工作站的至强处理器与面向桌面个人计算机的 Pentinum 处理器的性能距离。同时，拉大至强处理器和相应的芯片组低、中、高端产品之间的价格差。这一路线图的调整使得至强系列处理器成为服务器产品新的研发标准，国内服务器厂商也不例外。而新的标准对国内服务器厂商的创新既是一种限制也是鼓励，限制表现在标准平台的设定，鼓励表现在标准平台开放使得国内厂商具备了更大的自由发挥空间。

2006 年，联想、曙光、清华同方等一批国内服务器厂商感知到高端服务器领域的高利润，纷纷大规模往高端服务器领域渗透。联想国际化整合、曙光高端产品争先、清华同方以应用为导向的新产品面世。

2010 年是服务器和处理器频频推出的年份，新出品处理器平台的服务器产品琳琅满目。浪潮推出国内首款自主设计的八路服务器产品 TS850，该款产品基于 Intel 当年发布的至强 7500 处理器。2010 年 4 月，曙光宣布成功研制搭载龙芯的刀片服务器，这是国内厂商的处理器首次在高密度刀片产品中内嵌应用，同时也是其在高性能范畴的首次应用。

2012 年以后国内服务器厂商全面发展壮大。在云计算和大数据催动下，各地扩建基于国内服务器厂商的服务器的数据中心，国内的服务器厂商开始掌握整机生产、销售和维护，到解决方案总体服务的全栈能力。

2013 年以来，国内服务器厂商纷纷推出最新一代的服务器产品（如浪潮的天梭 K1 和 NX5440，华为的 E9000），尤其是四路及以上的高端 x86 服务器，从新产品的性能测试上可以明显感受到国内厂商的品牌在自主研发技术上的长足进步，且从服务器主要配件来看，除在处理器领域仍存在较大差距外，在其他配件领域国内厂商已有相当的技术实力。

2015 年，受益于信息化普及率的不断提升及互联网行业的快速发展，我国服务器市场保持稳步增长。国内云计算市场进一步的发展成熟和公有云、私有云建设的快速增长，有力促进了服务器的需求。在移动支付、OTO 应用、社交网络等移动互联浪潮的推动下，互联网应用呈现爆发式的增长，为服务器市场带来更多机遇。

2018 年以后，中国 x86 服务器市场并无太大变化。在这看似平静的背后，依靠着云计算、人工智能技术及边缘计算的兴起，传统 ICT 设施急需升级，无论是传统企业、大型互联网公司还是新兴创企，都在为服务器出货量贡献着力量，这使得中国 x86 服务器市场将长期处于增长期。同时，在人工智能、边缘计算等技术的兴起下，以华为、联想、浪潮为代表的国内服务器厂商正奋起直追。

3. 服务器的类型

塔式、刀片式和机架式是三种常见服务器的类型，通常用于执行向客户端和应用程序提供服务的类似任务，但是，它们的效率取决于各种因素，如服务器中硬件配置、空间和预算限制、存储容量等。对于不同类型、不同应用场景采购服务器是需要详细考虑的，只有很好地搭配才能够有效降低企业的经营成本。

（1）塔式服务器。

塔式服务器是最基本的服务器类型，其外观如图 2-18 所示，塔式服务器的外观非常类似于传统的塔式 PC。这些服务器旨在提供基本的性能水平，因此在价格方面相对实惠。同时，也有不少高性能且价格不菲的塔式服务器，可以同时处理多项任务。

图 2-18　塔式服务器

塔式服务器会占用大量的物理空间，由于其体积相对个人 PC 来说较大，塔式服务器的机箱内部往往会预留很多空间，以便进行硬盘、电源等部件的冗余扩展。塔式服务器无须额外设备，通常具有良好的可扩展性及足够的性能，因而应用范围十分广泛，可以满足一般常见的服务器应用需求。

塔式服务器通常还可以配合高级图形卡、冷却专用风扇、大容量内存条、KVM 套件等用于高端的图形工作站。

（2）机架式服务器。

机架式服务器比塔式服务器体型小，安装在机架内部，其外观如图 2-19 所示。用于安装机架式服务器的机架与普通机架类似，也可以同时安装服务器配套的网络设备，如交换机、防火墙等，还可以进一步配合安装存储单元、冷却系统、SAN 设备、网络外围设备和 UPS 电池等。

图 2-19　机架式服务器

机架式是绝大多数企业首选服务器类型，其统一标准的设计满足企业服务器密集部署需求。机架式服务器的主要优势表现在节省空间，由于能够将多台服务器安装到

一个机柜上，其不仅占用空间小，而且便于统一管理。通常机架式服务器的宽度为 19
英寸（1 英寸≈2.54 厘米），高度以 U 为单位（1U=1.75 英寸），常见的有 1U、2U、
3U、4U、5U、7U 标准。由于机架式服务器内部的空间限制，扩展性受到一定影响，
所以 1U 的服务器多数只有 1～2 个 PCI 扩展槽。此外，散热性能也是一个需要注意的
问题。机架式服务器多为服务器数量需要较多的大中型企业使用。

（3）刀片式服务器。

刀片式服务器是市场上主流的服务器，可以称为混合机架式服务器，其外观如
图 2-20 所示，其中服务器被放置在刀片机箱内，形成刀片系统。根据所需要承担的
服务器功能，刀片式服务器被分成服务器刀片、网络刀片、存储刀片、管理刀片、光
纤通道 SAN 刀片、扩展 I/O 刀片等不同的刀片模块。刀片式服务器架构的最大优势在
于对服务器的功能单元进行了模块化，可以灵活组合并节省空间。

图 2-20　刀片式服务器

刀片式服务器系统也符合机架单位的 IEEE 标准，每个机架均以"U"为单位进行
测量。这些刀片架还可以容纳其他按照标准大小设计的特殊设备。刀片机箱采用简化
的模块化设计，减少了能源和空间消耗。这些服务器还包括一个热插拔系统，可以轻
松地识别和处理每台服务器。由于其更高的处理能力和效率，刀片式服务器经常用于
云计算、大数据及人工智能相关的模型训练中。

大多数的刀片式服务器都是以某种方式设计的，使得无须关闭服务器就可以在刀
片式服务器系统中删除或添加服务器。此外，还可以通过添加新的通信部件、存储单
元和处理器来重新配置或升级现有服务器系统，其不会对正在运行的服务造成干扰或
干扰很小。

4. 国内服务器行业发展现状

国内服务器行业的长足发展促使国产化体系架构不断进步，就目前情况来看，国
产 CPU 与国际先进水平的 CPU 还存在一定差距，品牌和生态建设仍需加强。同时，

国内厂商实现服务器从软件到硬件全架构国产化的产业进程面临着三个方面的问题。第一，技术决定产品的性能和质量，国内厂商在芯片设计、制造和封装等环节还存在一定劣势，尤其是在芯片制造上需要国外代工厂完成代工。第二，品牌效应是深度打入市场的瓶颈，国际 ICT 龙头在硬件领域具备多年累积的市场声望，一定程度上构成了品牌壁垒，改变这一现状需要较长时间的市场教育和孵化。行业标准的构建有助于规范市场行为、为厂商技术创新指引方向，而目前存储器行业相对缺乏统一的行业标准，若能在未来得以完善将大大促进国内领先厂商市占有率的提升。第三，生态布局是 IT 基础硬件产业终极竞争力的体现，事实上国内存储器产品的创新也受限于以英特尔为主导的 CPU 技术标准的演进，要突破这一限制可能需要整个 IT 基础设施产业长时间的发展。

随着运营商示范效果的显现，金融、能源、工控、电信、交通、医疗、教育为代表的行业和关键领域对国内厂商生产的产品的认可，推动了国产服务器进入新一轮采购高潮，这也大大加速了产品和生态的成熟化、完善化，基于国内厂商生产的 CPU 服务器的需求也将放大，相关企业有望迎来新的发展机遇。

对国内的服务器行业来说，生态是发展的关键，否则再好的产品也只能被束之高阁、无人问津。任何一款高性能产品，如果缺乏生态体系，最终都会以失败告终。发展生态是信息技术产业的核心基础。目前，国内 CPU 服务器生态主要是基于 CPU 厂商搭建的。以龙芯、飞腾、海光、鲲鹏、兆芯、申威等为代表的 CPU 厂商正在逐步崛起，并且产品性能正在逐步提升，应用领域也在进一步扩展。

2.3.2 终端

1. 终端的概念和类型

终端是指经由通信设施向计算机输入程序和数据，或者接收计算机输出处理结果的设备。终端通常设置在能利用通信设施与远程计算机连接工作的场所，主要由通信接口控制装置与专用或选定的输入/输出装置组合而成。众多分散的终端经由通信设施与计算机连接的系统称为联机系统。终端设备的类型主要分为以下几种。

（1）台式机。

台式机是一种设备相对独立的计算机，与其他部件无联系，相对于笔记本而言体积较大，主机、显示器等设备一般都是相对独立的，需要放置在电脑桌或专门的工作台上。

台式机的优点为耐用、价格实惠，与笔记本相比，相同价格条件下台式机的配置较好，散热性较好，配件损坏更换的价格相对低廉，其缺点为笨重、耗电量大。

（2）笔记本电脑。

笔记本电脑（Laptop），简称笔记本，又称"便携式电脑"、"手提电脑"、"掌上电脑"或"膝上型电脑"，特点是机身小巧。与台式机相比，携带更方便，是一种小型、便于携带的个人计算机。当前笔记本电脑的发展趋势是体积越来越小、重量越来越轻、功能越来越强。为了缩小体积，笔记本电脑采用液晶显示屏。除键盘外，还装有触控板（Touchpad）或触控点（Pointingstick）作为定位设备（Pointingdevice）。

笔记本电脑和台式机的区别在于除便携性外，对主板、CPU、内存、显卡、硬盘的容量等要求也不同。当今的笔记本电脑正在根据用途分化出不同的应用趋势，上网本趋于日常办公以及电影；商务本趋于稳定低功耗获得更长久的续航时间；家用本拥有不错的性能和很高的性价比。

（3）手机。

手机，全称为移动电话或无线电话，是一种通信工具，可以在较广范围内使用的便携式电话终端，最早是由美国贝尔实验室在 1940 年制造的战地移动电话机发展而来的。

手机分为智能手机（Smartphone）和非智能手机（Featurephone），当今智能手机已经占据市场的主流。智能手机（Smartphone）是指像个人计算机一样，具有独立的操作系统，可以由用户自行安装软件，包括游戏等第三方服务商提供的软件的终端产品。从广义上说，智能手机除了具备手机的通话功能，还具备了计算机的大部分功能，特别是个人信息管理及基于无线数据通信的浏览器和电子邮件功能。智能手机为用户提供了足够大的屏幕尺寸和网络带宽，既方便随身携带，又为软件运行和内容服务提供了广阔的舞台，如股票、新闻、天气、交通等应用程序。

（4）可穿戴智能设备。

可穿戴智能设备是一种直接穿在身上或整合到用户的服装或配件中的便携式设备。可穿戴智能设备不仅仅是一种硬件设备，也是一种可以通过软件支持及数据交互、云端交互来实现强大的功能的设备，可穿戴智能设备将会对人们的生活带来很大的转变。

目前，可穿戴智能设备大多作为智能手机或计算机等其他智能设备的终端而存在。按存在形态区分，可穿戴智能设备大致可以分为：以手腕为支撑的 Watch 类设备（包括手表和腕带等产品），此类设备通常采用小显示屏或无显示屏设计，通过与智能设备的连接来监测并获取诸如睡眠质量、运动时间和身体状况等实时数据；以头部为支撑的 Glass 类设备（包括眼镜、头盔等），此类设备可以拓展人们的五感体验，加强五感之间的相互联系，并可以实时监测脑电波的活动，感知人们的思想波动；以脚为支撑的 Shoes 类设备（包括鞋、袜子或者将来的其他腿上佩戴产品），此类产品可以直接穿在身上，与自身更加契合，通常作为运动设备或健康辅助设备；其他的可穿戴智能设备还有智能服装、书包、拐杖、配饰等各类非主流产品形态产品。未来可穿戴智能设备可能会具备更多的存在形态，更加多元化的应用发展。

（5）智能终端。

智能终端主要包括智能车载终端、物联网终端、智能家居终端、工地手持终端、工厂生产线终端、物流智能搬运终端等。

智能车载终端（又称卫星定位智能车载终端）融合了 GPS 技术、里程定位技术及汽车黑匣技术，能用于对运输车辆的现代化管理，如行车安全监控管理、运营管理、服务质量管理、智能集中调度管理、电子站牌控制管理等。

物联网终端是物联网中连接传感网络层和传输网络层，实现采集数据及向网络层发送数据的设备。它担负着数据采集、初步处理、加密、传输等多种功能。物联网各类终端总体上可以分为情景感知层、网络接入层、网络控制层及应用/业务层设备。每一层设备都与网络层的控制设备有着对应关系。物联网终端常常处于各种异构网络环境中，为了向用户提供最佳的使用体验，终端应当具有感知场景变化的能力，并以此为基础，通过优化判决，为用户选择最佳的服务通道。终端通过前端的 RF 模块或传感器模块等感知环境的变化，经过计算，决策需要采取的应对措施。

智能家居终端主要用于灯光控制、遮阳控制和风机盘管控制及暖气控制，控制方式多样、灵活。例如，现场智能面板控制、人体感应控制、光线感应控制、现场面板控制、中央电脑控制、气象感应控制等，现已广泛应用于各种智能住宅项目中，其中方便舒适的智能家居终端是系统在现代化智能住宅中的一个应用亮点。

2. 国内外终端产品发展现状及发展趋势

全球终端市场规模正在不断扩大，2020 年全球终端行业市场规模达到 86.5 亿美元，同比增长 11.9%。2021 年全球市场规模突破 100 亿美元，达到 102.2 亿美元左右，同比增长 18.2%。预计到 2025 年，全球终端市场规模有望超过 130 亿美元。终端产品正在向智能化、高清化、便携化方向发展。目前国内终端市场对台式机、笔记本电脑的需求逐年趋于平稳，随着 CPU 性能架构及软件生态的不断成熟，基于国产 CPU 架构的计算机及笔记本电脑逐步得到推广并已被大众认可和使用。

同时，手机等智能终端已经逐渐融入社会的各个领域，应用场景非常丰富。智能终端设备是物联网的重要入口，在物联网感知层、接入层、网络层和应用层四大层次中，智能终端是感知层和接入层的核心，是应用层的载体。有数据显示，"万物智能"时代的物联网在国内未来十年将拥有十万亿美元的市场空间，按照硬件占比 20%～30% 来计算，智能终端的潜在市场空间在两万亿到三万亿美元。

随着居民可支配收入以及居民人均消费支出的稳步上升，对智能终端的消费能力也相应提高，智能终端消费群体大多集中在中青年人群，随着消费观念呈现出多样化、品质化、性价比化和悦己化，未来我国智能终端市场需求规模将逐步扩大。

2.3.3 国内外服务器及终端生产厂商

1. 国内服务器及终端生产厂商

（1）联想。

联想成立于 1984 年，业务遍及全球 180 个市场、服务超 10 亿用户，是家喻户晓的全球化科技公司。自成立以来，联想凭借全球供应链优势、品牌优势、技术优势、业务协同优势，逐步构建完善的全球化业务布局，如图 2-21 所示。近年来，在企业数字化与智能转型双轮驱动下，联想逐步从硬件设备提供商向服务和解决方案提供商转型。联想将持续以技术为核心、业务转型为驱动，为企业数字化转型赋能。

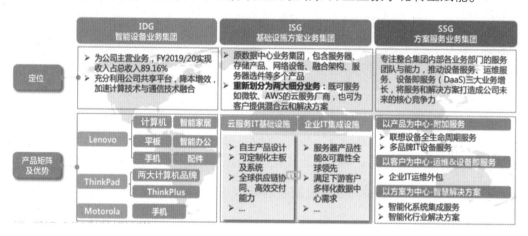

图 2-21　联想业务布局概览

联想开天是国内最早布局信息化产业的整机厂商之一，现已完成与主流芯片、存储、操作系统、应用软件等国内厂商的适配工作，是"端-边-云-网-智"全要素覆盖的行业领导厂商。

（2）浪潮。

浪潮成立于 1998 年，是我国技术领先的云计算、大数据服务商，业务涵盖云数据中心、云服务大数据、智慧城市、智慧企业等产业群组，业务覆盖 120 多个国家和地区，有 8 个全球研发中心、6 个全球生产中心及 2 个全球服务中心。浪潮是中国最大的服务器制造商和服务器解决方案提供商，其中服务器分为 4 大类共 16 款产品，可覆盖更多应用场景，为各规模、各类型的企业提供恰当的解决方案，与客户的生产链融合，能做到完全匹配客户个性化配置需求。经过多年基于客户需求的服务器软/硬件研发体系的不断完善，已形成涵盖高中低端各类型服务器的云计算 IaaS 层系列产品，为云计算 IaaS 层提供计算力平台支撑；同时把握人工智能和 5G 变革的发展机遇，对 AI、边缘计算服务器进行全方位布局，其产品以及生产技术布局如图 2-22 所示。

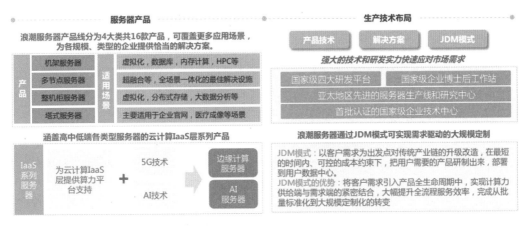

图 2-22 浪潮服务器产品及生产技术布局

对于浪潮服务器的优势可从三方面来看，在技术方面，浪潮拥有我国目前唯一一个企业国家重点实验室——国家高端容错服务器与海量存储重点实验室。2012年年初上市的天梭 K1 主机系统攻克关键主机技术，我国成为第三个掌握该技术的国家；在出货量方面，据 2023 年相关报告数据，浪潮服务器出货量达到全球第二，国内第一，其前景比较广阔；在企业文化方面，浪潮是一个技术推动型公司，创新这块是发展的重点，浪潮服务器对于稳定性和性能都有比较苛刻的要求，这也就使得浪潮能一直坚持进行技术创新，不断突破自我，这种愈战愈勇的精神必将为浪潮的未来发展注入无穷的动力。

（3）华为。

华为成立于 1987 年，是全球领先的信息与通信技术解决方案供应商，专注于 ICT 领域，坚持稳健经营、持续创新、开放合作，在电信运营商、企业、终端和云计算等领域构筑了端到端的解决方案优势，为运营商客户、企业客户和消费者提供有竞争力的 ICT 解决方案、产品和服务，并致力于实现未来信息社会、构建更美好的全联接世界。

华为终端有限公司隶属于华为技术有限公司，是华为核心三大业务之一。产品全面覆盖手机、计算机、可穿戴设备、移动宽带终端、家庭终端和终端云。

在产品方面，华为终端有限公司坚持精品战略，以差异化创新，勇敢打破看似不可能的各项技术极限，让世界各地更多的人享受到技术进步的喜悦，与全球消费者一起以行践言，实现梦想。简而言之，华为终端有限公司力争为消费者提供全球最好的产品。

（4）清华同方。

清华同方是由清华大学出资成立的高科技上市公司，坚持走产学研结合之路，紧密依托清华大学的科研实力与人才平台，定位于多元化综合性科技实业孵化器，致力于我国高科技成果的转化和产业化。

　　清华同方在基于国内厂商设备生产的计算机产品上取得了重要成果，推出了清华同方龙芯台式机，如图 2-23 所示，该款产品从主板级部件到操作系统，采用自主研发的技术和产品，搭载了目前龙芯中单核性能最高的 3A3000，该款处理器的性能是上一代的 3～5 倍，龙芯 3A3000 包括 CPU 和内存控制器在内的所有的模块都是自主设计的，没有引入第三方，确保了清华同方龙芯台式机从根本上的信息安全。在操作系统上，清华同方龙芯台式机支持中标麒麟操作系统，并通过与行业合作伙伴的协同，对软/硬件适配进行了深度的优化，包括对硬件外设的适配支持、对桌面应用的移植优化和对应用场景解决方案的构建。

图 2-23　清华同方龙芯台式机

（5）中科曙光。

　　曙光信息产业股份有限公司（以下简称"中科曙光"）是我国信息化产业领军企业，为中国及全球用户提供创新、高效、可靠的 IT 产品、解决方案及服务。同时，中科曙光也是国内高性能计算领域的领军企业。

　　中科曙光在信息技术行业多栖发展，主要从事研究、开发、生产制造高性能计算机、通用服务器、存储产品，并围绕高端计算机提供软件开发、系统集成与技术服务。自成立以来，中科曙光硬件产品、解决方案、云计算服务等产品已被广泛应用于能源、互联网、教育、气象、医疗及公共事业等社会各个领域，同时在各行业拥有成熟的应用解决方案和优质客户。

　　经过多年的努力，该公司在高端计算机、存储等硬件领域已经成为国内市场主要供应商之一，并形成了一套较为完善高效的研发、制造和质量管理体系。在高性能计算机领域，中科曙光研发的"星云"成为世界上第三台实测性能超千万亿次的超级计算机。

　　同时，中科曙光是海光信息技术股份有限公司（以下简称"海光信息"）的最大股东。海光信息主营业务是研发、设计和销售应用于服务器、工作站等计算、存储设备中的高端处理器，产品包括海光通用处理器（CPU）与海光协处理器（DCU）。海光信息产品性能、生态优越，广泛应用于电信、金融、互联网等领域，得到了国内用户的高度认可。

（6）神州数码。

神州数码自 2000 年成立以来，通过持续创新，构建起了完整的 IT 服务价值链，服务涉及 IT 规划咨询、IT 基础设施系统集成、解决方案设计与实施、应用软件设计及开发、IT 系统运维外包、物流维保等领域。依托服务价值链，为客户提供端到端的整合 IT 服务，成为我国最大的整合 IT 服务商。

2020 年，神州数码紧抓国家对产业利好政策不断加码的历史性机遇，展开基于"鲲鹏+昇腾"自主品牌的全新布局，并迅速成为产业引领者之一。

神州鲲泰品牌的系列产品，是神州数码在云基础设施领域的全新布局。遵循"核心技术创新、核心产品研发、核心业务可控"的方向，神州数码正在迅速构建为千行百业提供端到端国产化产品、方案和服务的能力。在生态层面，整合产业链上下游生态合作伙伴资源，加速行业突破，打造应用标杆，以此对产品和技术进行打磨和完善。目前，神州数码已与麒麟软件、统信软件等众多合作伙伴在数据库、操作系统、存储等多个领域展开深度合作，并在中间件、数据库、操作系统、基础芯片方面与上百家公司进行了软硬件适配。

2. 国外服务器及终端生产厂商

（1）戴尔。

戴尔公司成立于 1984 年，主要业务包括生产和销售计算机、服务器、存储设备和电视机。在全球范围内，戴尔公司也是一家综合性的技术公司，提供广泛的产品和服务，包括云计算、人工智能和数据中心建设。

戴尔的服务器产品线包括 PowerEdge 机架式服务器、PowerVault 存储设备、PowerConnect 交换机和各种服务器软件。此外，戴尔还提供服务器维护和支持服务，帮助客户提高服务器性能和可用性。

（2）苹果。

苹果主要从事计算机硬件和软件的开发和销售。该公司拥有多款终端产品，包括 iPhone 手机、iPad 平板电脑、Mac 计算机、iPod 播放器和 Apple Watch 智能手表。此外，苹果还开发和销售服务器产品，如 macOS Server 和 iCloud 等。

（3）惠普。

惠普主要生产并销售计算机、打印机和其他电子设备，惠普是全球最大的计算机和打印机制造商之一，在全球拥有大量的客户和合作伙伴。该公司还提供各种 IT 服务，包括基础架构服务、业务流程外包和信息安全服务。

惠普服务器产品线包括多种不同类型的服务器，如惠普提供企业级服务器、工作站服务器、小型商用服务器和多用途服务器等。同时，惠普还提供了相应的服务和支持，以帮助客户解决使用惠普服务器时遇到的问题。其产品还包括广泛的终端设备，如台式机、笔记本电脑、平板电脑、打印机、一体机、显示器等。

2.3.4 国内厂商的服务器产品

1. 联想服务器

联想服务器型号分为多种，机架式服务器的型号有 ThinkServerRD830、ThinkServerRD630、ThinkServerRD430、ThinkServerRD330，Think System SR658Z 等；塔式服务器的型号有 ThinkServerTS530、ThinkServerTS230 等。其中，ThinkSystem SR658Z 服务器是基于兆芯 E KH-37800D x86 64 位微处理器的 2U 服务器，如图 2-24 所示，支持前置 12 个 2.5/3.5 英寸热插拔驱动器位，后置可选配 2 个 2.5 英寸（1 英寸约等于 2.54 厘米）热插拔驱动器位，支持两颗处理器，最高 8 根 DDR4 内存，5 个 PCIe 插槽，具备极强的扩展能力。

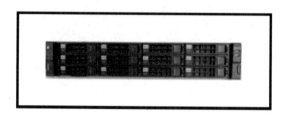

图 2-24　ThinkSystem SR658Z 服务器

2. 浪潮服务器

浪潮服务器拥有业界最全的产品线，包括塔式、机架式、多节点、刀片系统及整机柜服务器，满足各行业用户的多元化需求，同时提供面向高密计算、混合存储、关键业务、大型数据中心等特定应用的优化产品。

浪潮基于飞腾处理器研发了全系列服务器产品——"飞腾"系列服务器，如图 2-25 所示。飞腾系列服务器涵盖了单路塔式、2U 双路机架、1U 双路机架和刀片服务器，完成了从入门基础产品到面向高密度计算环境的服务器布局。"飞腾"系列所有服务器均采用飞腾处理器，实现了从整机架构、核心部件处理器到操作系统的全自主研发，是飞腾高性能通用多核微处理器研发成功之后的又一里程碑式的成绩。

图 2-25　"飞腾"系列服务器

对于未来的服务器产品竞争力的提升，浪潮将从以下四个方面开展。第一，针对高性能计算领域推出结合了 GPGPU 的服务器；第二，面向云计算领域推出高密度、低功耗、高 I/O 的增强虚拟化性能的专用服务器产品；第三，面向存储领域推出基于国内厂商的处理器的存储系统和解决方案；第四，在嵌入式领域推出基于国内厂商的处理器的负载均衡器、监控服务节点等增值产品。

3．华为服务器

华为坚定不移地投入计算产业。第一，架构创新，投资基础研究，推出达·芬奇架构，用创新的处理器架构来匹配算力的增速；第二，投资全场景处理器族，包括面向通用计算的鲲鹏系列，面向 AI 计算的昇腾系列，以及面向智慧屏的鸿鹄系列等；第三，有所为有所不为的商业策略。华为不直接对外销售处理器，以云服务面向客户，以部件为主面向合作伙伴，优先支持合作伙伴发展整机；第四，构建开放生态，汇聚全球数百万开发者开发应用及解决方案。

TaiShan200 服务器是华为新一代数据中心服务器，如图 2-26 所示。基于华为鲲鹏 920 处理器，适合为大数据、分布式存储、原生应用、高性能计算和数据库等应用高效加速，旨在满足数据中心多样性计算、绿色计算的需求。

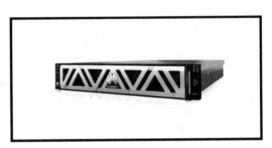

图 2-26　TaiShan200 服务器

4．中科曙光服务器

2019 年 12 月 24 日，龙芯中科在北京发布了新一代龙芯 3A4000、3B4000 处理器，并推出了龙腾 G30 系列三款产品，包括 L300-G30 桌面终端、L620-G30 双路服务器、L820-G30 四路服务器。其中，L820-G30 四路服务器是业内首款基于龙芯处理器的四路服务器，如图 2-27 所示，其意义巨大。龙腾 G30 系列产品搭载了龙芯处理器，主板、机箱均采用自研产品，并且采用了一体化、模块化、低噪声设计，不仅可靠性更高，而且牢固耐用。

此外，龙腾 G30 系列还具有丰富的 IO 接口设计，是业界首次实现支持 OCP 网卡的龙芯整机产品，并支持 Riser 卡，支持扩展多块 PCIE 全高卡，适应更多应用场景，还包括故障指示灯设计，独有的 BIOS、BMC 冗余设计等，可快速定位故障原因并排除现场故障，方便维护。

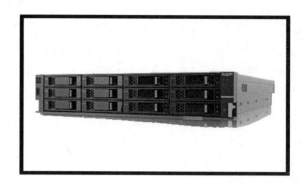

图 2-27　L620-G30 四路服务器

2.3.5　国内厂商的终端产品

1. 联想终端产品

1996 年，联想昭阳系列推出了第一台笔记本电脑 S5100。在经历了十几年的发展之后，联想昭阳系列也成了国内市场占有率最高的国产商用笔记本品牌之一。

2016 年，联想推出了昭阳 CF03ZX 笔记本电脑，昭阳 CF03ZX 笔记本电脑采用了兆芯开先 ZX-C C4600 四核处理器，搭配有 4GB 内存和闪迪 Z400 固态硬盘。这颗 ZX-C C4600 处理器芯片是一颗真正意义上的国产 x86 通用处理器。兆芯开先 ZX-C 系列处理器为四核心四线程设计，28nm 工艺，2.0GHz 频率，18W 功耗，兼容 x86 指令集和 CPU 硬件虚拟化技术，可运行 Windows（含 Windows Server）、Ubuntu、中科方德、中标麒麟、普华等操作系统。自此，昭阳系列笔记本电脑被众多国内企事业单位所采购使用。

2020 年，联想推出了昭阳 N4620Z 笔记本电脑，如图 2-28 所示。该笔记本电脑基于兆芯开先 KX-6640MA 处理器，4 核 4 线程，2.2GHz，支持加速到 2.6GHz，采用 8GB 或 16GB 内存，整机重量小于 1.5 千克。该产品采用业界最先进的工程化技术质量管理体系，并已通过了国家强制性 CCC 认证、能耗认证、中国节能认证、环境认证等。

图 2-28　昭阳 N4620Z 笔记本电脑

2．华为终端产品

华为的手机产品可划分为五大系列：Mate 系列、P 系列、nova 系列、畅享系列、麦芒系列。其中，华为 Mate 系列是华为手机中的高端商务机，具备超强的续航能力，定位商务旗舰，是华为手机最高水平的代表，同时也是国产手机产品中的佼佼者。华为新发行的机型往往都会搭载麒麟最新处理器，具备华为最新研发的技术。搭载了麒麟处理器的华为 Mate60 手机如图 2-29 所示。

图 2-29　华为 Mate60 手机

华为另一款典型产品为华为 P 系列手机，如图 2-30 所示。华为 P 系列手机是华为手机中的高端旗舰机，针对年轻群体。

图 2-30　华为 P60 手机

2021 年 5 月，华为发布笔记本电脑"擎云 L410"。擎云 L410 搭载麒麟 990 芯片，配备 14 英寸 2K 屏幕，8GB+512GB 内存储存组合，如图 2-31 所示。更重要的是，该设备可以在后期升级华为的鸿蒙系统。此外，华为擎云 L410 搭载了国内自研的 UOS 20 系统，基于 Linux 内核开发，分为统一桌面操作系统和统一服务器操作系统，支持笔记本电脑、台式机、一体机、工作站和服务器。值得一提的是，抛开华为擎云 L410 本身的性能不谈，较高的软/硬件国产化兼容性令该机具备更高的稳定性和安全性。另外，如果客户有需要的话，官方也可以在擎云 L410 上安装 Windows 操作系统。

图 2-31　华为擎云 L410 笔记本电脑

3. 清华同方终端产品

　　目前，清华同方计算机的产品线覆盖了安全芯片、笔记本电脑、家用台式机、一体机、商用台式机、图形工作站、服务器、存储产品、数码设备、计算机外设产品、计算机远程服务、行业应用解决方案等领域。

　　清华同方在终端方面具有完整的从笔记本电脑到计算机到服务器的产品线，其典型产品包括同方超翔 TL630 台式机、超锐 TL620-V3 笔记本电脑、超翔 TL640-V3 一体机、超强 TL621-V3 通用机架式服务器，均基于龙芯新一代 3A4000 或 3B4000 处理器。同方超翔 TL630 台式机，如图 2-32 所示，搭载全新一代龙芯 3A5000 4 核处理器，支持主流国内品牌数据库的运行，可提供多种对外接口，适用于地面固定机房、办公室等多种场所。产品从整机架构到固件、操作系统均为国内厂商的自主知识产权，不仅具备高安全、高可控的产品优势，而且通过与诸多国内厂商的基础软件产品的适配，全面实现各行业企事业单位的高效办公。

图 2-32　同方超翔 TL630 台式机

4. 国光终端产品

国光是拥有桌面终端产品办公 PC、笔记本电脑、服务器全系列产品，在其终端体系中，其主打笔记本电脑产品为 GT6000L-A5M，如图 2-33 所示。

图 2-33　国光笔记本电脑 GT6000L-A5M

5. 深信服终端产品

深信服科技股份有限公司是一家专注于企业级网络安全、云计算、IT 基础设施与物联网的产品和服务供应商，拥有深信服智安全、信服云两大业务品牌，与子公司信锐技术，致力于承载各行业用户数字化转型过程中的基石性工作，从而让每个用户的数字化更简单、更安全。

深信服推出了新一代终端建设解决方案，深信服桌面云终端（aDesk），如图 2-34 所示。aDesk 是基于超融合架构的新型桌面模式，通过深度整合服务器虚拟化、桌面虚拟化及存储虚拟化，只需桌面云一体机和云终端两种设备，即可实现云平台的快速交付，为用户提供操作体验及软/硬件兼容性媲美 PC、更安全、更高效的云桌面。

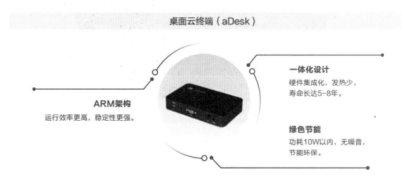

图 2-34　深信服桌面云终端（aDesk）

深信服桌面云将原来绑定在 PC 上的桌面、应用和数据全部集中到数据中心，然后通过 SRAP 桌面交付协议，将操作系统界面以图像的方式传送给前端的接入设备，包括云终端、笔记本电脑、PC、智能终端等，交互方式如图 2-35 所示。只要网络是可达的，用户就可以通过各种类型的终端去访问位于服务器上的个人桌面，让数据保护更安全，桌面管理更高效，用户访问更灵活。

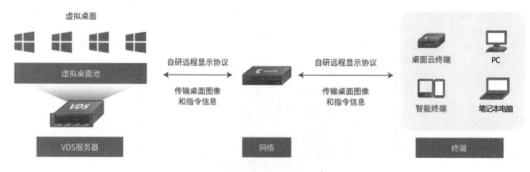

图 2-35　交互方式

6. 锐捷终端产品

锐捷网络坚持走自主研发的道路，利用云计算、SDN、移动互联、大数据、物联网等新技术为各行业用户提供端到端解决方案，助力全行业数字化转型升级。

2020 年锐捷云桌面推出了终端计算机——RG-CT7800，如图 2-36 所示。这款主机体积仅为 2.4L，搭载了兆芯 ZX-E 八核处理器 KX-U6780A，拥有 2.7G 主频，并配备 8GB DDR4 内存和 256GB SSD。KX-U6780A 使用了 16nm 工艺，核心采用超标量、多发射、乱序执行架构设计，兼容最新的 SSE4.2/AVX x86 指令集，支持 64 位系统和 SM3/SM4 加速指令，可轻松支持 4K 高清视频流畅播放、办公和图形设计类软件的性能要求。

图 2-36　锐捷终端计算机——RG-CT7800

锐捷 RG-CT7800 可搭配统信 UOS、银河麒麟等操作系统，并与流式软件和版式软件（如金山 WPS、永中 Office、数科 OFD）都完成了软/硬件适配。在外设方面，与奔图打印扫描一体机、成者科技高拍仪、手写板，以及科密的扫码枪都匹配测试通过，在确保安全性、稳定性的基础上全面满足金融证券、中央企业、医疗教育等各行业桌面办公的需求。

2.3.6 与服务器及终端相关的就业岗位

1. 服务器工程师

服务器工程师负责围绕服务器技术的一系列问题，帮助业主设置和维护服务器，并将处理有关服务器系统的许多技术问题。

许多服务器工程师的主要职责之一是校准服务器环境，并为正在进行的操作正确设置服务器。这可能涉及通过控制温度和湿度在服务器机房或空间中营造良好的环境。服务器工程师还可能在实施服务器系统之前参与设计服务器系统。

随着信息技术产业的发展，越来越多公司开始招聘服务器工程师，其需要熟悉国产操作系统、数据库、中间件各类主流产品以及移动办公、云计算、大数据、物联网等应用场景的特点，了解最新信息安全产品知识和技术，掌握信息化领域技术路线主流的技术特点和区别，具备独到的见解及思路，并且能够熟练处理服务器产品和项目开展服务器适配过程中的疑难点并根据业务需求持续进行优化。

2. 服务器端开发工程师

服务器端开发是技术性偏强、对逻辑思维要求更高的一个细分方向，不同于前端、移动端等，具体做偏 UI 的工作，而服务器端处理的只有逻辑和业务。从长远的职业规划来讲，从事服务器端开发工作作为工程师技术道路的起点对工程师的长期发展来说是很有利的。

Web 服务器端根据服务的种类逐渐细分，小型公司小型业务一般是简单工程化、简单部署、开发选型多种多样（PHP、Java、Python、Node.js 等），所招聘的服务端开发工程师主要还是看对语言的熟悉程度，一般要求具备快速完成工作的能力。

3. 终端运维工程师

终端对现代企业的发展有着巨大的影响。一方面，终端使数据处理模式从分散走向了集中，大大提升了数据的管理性和安全性，实现了通信和信息处理方式的网络化，拓展了数据的跨平台能力；另一方面，网络终端设备将不再继续局限于传统的桌面应用环境，伴随着终端连接方式的多样化，它既可以作为桌面设备使用，也可以以移动和便携方式使用，非常灵活方便。因此，随着企业信息化程度的不断提高，终端运维在企业终端设备的维护方面显示出日益重要的地位，也成为许多企业运维部门的重要工作内容。

4. 终端安全工程师

终端安全工程师作为网络安全的细分岗位，在学历上门槛较低，容易入门。不像一些传统的 IT 岗位，还会涉及较难的数学问题。随着互联网的快速发展，越来越多的企业开始重视网络安全，终端安全产品工程师缺口较大。

2.4 外围设备

📽 场景 ● ● ●

在计算机系统广泛应用的今天，其外围设备技术及产业也在不断地发展。当前计算机的主流外围设备包括键盘、鼠标、显示器、打印机、摄像头等，其产业链到市场的应用也已经完全成熟。同时外围设备与计算机整机也在逐步融合，各类有特色的智能化的外围设备也层出不穷。据统计，在从日常生活到办公应用等各类场景中，国内厂商生产的外围设备的应用已经占到所有外围设备的65%以上。

💡 想一想 ● ● ●

1. 典型的外围设备有哪些？
2. 外围设备的基本的类型和发展历史又是怎样的？
3. 外围设备有怎样的发展趋势？

2.4.1 外围设备的类型及发展历史

1. 外围设备的类型

（1）输入设备。

输入设备是指向计算机输入数据和信息的设备，是计算机与用户或其他设备通信的桥梁，是用户和计算机系统之间进行信息交换的主要设备之一。键盘、鼠标、摄像头、扫描仪、光笔、手写输入板、游戏杆和语音输入设备等都属于输入设备，如图2-37所示。

输入设备（Input Device）是人或外部与计算机进行交互的一种设备，用于把原始数据和处理这些数据的程序输入计算机中，把待输入信息转换成能为计算机处理的数据形式的设备。计算机输入的信息有数字、模拟量、文字符号、语音和图形图像等。对于这些信息形式，计算机往往无法直接处理，必须把它们转换成相应的数字编码后才能处理。

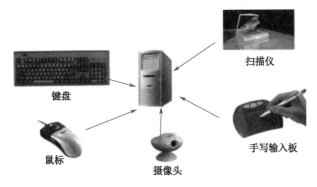

图 2-37　输入设备

（2）输出设备。

输出设备是将计算机处理结果返回给外部世界的设备总称。这些返回结果可能是作为使用者能够在视觉上体验的或是作为该计算机所控制的其他设备的输入。输出设备种类也很多，计算机常用的输出设备有打印机、显示器、绘图仪、投影仪等。显示器和打印机已成为每台计算机和大多数终端所必需的输出设备，如图 2-38 所示。

图 2-38　显示器和打印机

2. 外围设备的发展历史

（1）键盘。

人们使用的键盘的前身其实是"打字机"，键盘的 QWERTY 排列源自打字机，之所以是这种排列方式而不是 ABCD 排列方式，是由打字机的机械结构决定的。对于打字机来讲，相邻按键连按容易卡壳，现在的这种排列方式需要通过左右手交替来工作，减少了相邻按键的连按概率，反而提高了打字效率。后来有人提出 DVORAK、Workman 等排列方式，虽然与 QWERTY 排列方式在效率上互有胜负，但并不足以撼动它的地位。

1968 年，美国人克里斯托夫·拉森·肖尔斯和卡洛斯·格利登原本正在制作一台能自动给书编页码的机器，格利登突然问肖尔斯，"我们为啥不同时在书本上印字呢？"肖尔斯灵机一动，于是一台木制的打字机模型问世了。

19 世纪 70 年代，肖尔斯公司是当时最大的打字机厂商。该公司最初的打字机在设计上比较冗杂且机械结构不完善，按键回弹很慢，打字太快了两个键就会卡在一起，所以公司经常被投诉。为了降低打字速度，他们决定打乱 26 个字母的排列顺序，将常用字母放在笨拙的手指位置，不常用的字母放在灵活的手指附近，于是，"QWERTY"式键盘就诞生了。

20 世纪初，更方便的电传打字机出现了。它通常由键盘、收发报器、印字机构等组成，分为电子式和机械式两种，主要用于电报系统，某种意义上来说，它更像现在的传真机。不过体积很大，接近现在的大尺寸打印机。它的键盘部分依旧采用了 QWERTY 标准布局，具备了电话级的高效性、精确性，使用成本又比电话、电报更便宜。

1983 年，还在 IBM 推出 XT/AT 机的时代，真正意义上的键盘才开始出现。那时候的键盘主要以 83 键为主流，很久之后才出现了 101 键、104 键规格的键盘。

IBM 紧接着在 104 键的键盘基础上设计了多媒体键盘，增加了很多常用快捷键、音量调节键等。同时也为电子邮件、浏览器、播放器等常用软件增加了一对一的快捷按键。

（2）鼠标。

1968 年 12 月 9 日，世界上第一款鼠标诞生于美国加州斯坦福大学，如图 2-39 所示，它的发明者是 Douglas Englebart 博士，其设计鼠标的初衷是为了使计算机的操作更加简便，以替代键盘那烦琐的指令。他制作的鼠标是一个小木头盒子，工作原理是由它底部的小球带动枢轴转动，并带动变阻器改变阻值来产生位移信号，信号经计算机处理后，屏幕上的光标就可以移动了。自此，鼠标和计算机就结下了不解之缘。

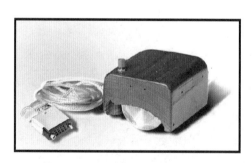

图 2-39　全世界第一款鼠标

鼠标的使用使得计算机操作更为简易，而风靡全球的 Windows 操作系统及其相关应用软件的普及加速了鼠标的广泛应用。鼠标的出现让人们的工作变得更为轻松方便。

从结构而言，鼠标的出现次序为机械式鼠标、光电机械式鼠标和光电式鼠标。由于机械式鼠标精度有限、传输速率、寿命短，现已被淘汰，并被同样价廉的光机式鼠标取而代之。光电机械式鼠标已经普及到人们生活中的每一台计算机中，但它无法避免机械磨损造成的损害。光电机械式鼠标诞生最晚，又分两种：一种是需要使用专业的光栅做鼠标垫的旧式的光电机械式鼠标，这种鼠标在平时的使用中不够便捷，光栅磨损后也会影响精度；另一种是采用一种名为"光眼"的新型光学引擎的新式的鼠标，这种鼠标精确度更高、可靠性更好。

从鼠标的接口而言，最早出现于普通计算机应用的鼠标采用的均为串行接口设计（梯形9针接口），随着计算机上串口设备的逐渐增多，串口鼠标逐渐被采用新技术的PC/2接口鼠标所取代；随后即插即用理论的推出，使得采用USB接口的鼠标成为将来鼠标发展的必然趋势。

随着互联网技术的飞速发展，人们再度发现，原来在鼠标上加上一个小小的轮轴是那么便于浏览网页，于是新一代的滚轮鼠标出现了，现在市场上的鼠标大多数为三键滚轮鼠标。这个滚轮还可以当作第三键使用，现在已经被广泛使用。随着技术的发展，现在也有许多无线鼠标，它们可以通过各种方式，如无线或蓝牙等来传输数据。

（3）摄像头。

20世纪60年代初，随着电子技术的进步，警报系统和视频监控被引入。摩托罗拉和通用电气是率先开始为安全行业制造真空管电视摄像头的公司。由于提高了设备的安全性、降低了使用成本和改进了管式相机技术，在20世纪60年代和20世纪70年代使用摄像头的需求迅速增加。

20世纪80年代，尽管视频安全系统的功能及其他配件供应得到了进一步的改善，但是视频监控的增长继续保持在较低水平。20世纪80年代，视频技术的最大进步是发明和引进了固态摄像头。到了20世纪90年代初，使用带电耦合器件（CCD）图像传感器的固态摄像头成为新的视频监控安全装置的选择，并迅速取代管式摄像头。

现在摄像头已经成为笔记本电脑上标准配置的产品，在日常生活中智能摄像头已经得到了广泛应用。在当前的网络发展日趋移动互联网的过程中，用户对智能摄像头的需求，除基本的传输音像内容之外，还非常乐于将拍摄的视频内容分享到社交网络。而智能摄像头作为链接网络、用户的第三方载体，在这方面无疑可以充当用户与网络的桥梁。

（4）扫描仪。

扫描仪的历史要追溯到884年，德国工程师尼普科夫利用硒光电池发明了一种机械扫描装置，这种装置在后来的早期电视系统中得到了应用，到1939年机械扫描系统被淘汰。虽然这与后来100多年后利用计算机来操作的扫描仪没有必然的联系，但从历史的角度来说这算是人类历史上最早使用的扫描技术。

1984年世界上第一台扫描仪问世。它由扫描头、控制电路和机械部件组成，采用逐行扫描，得到的数字信号以点阵的形式保存，再使用文件编辑软件将它编辑成标准格式的文本储存在磁盘上。扫描仪产品纷繁复杂，在历史的发展中主要有以下几类扫描仪。

手持式扫描仪：诞生于 1987 年，扫描幅面窄，难于操作和捕获精确图像，扫描效果也差。1996 年后，各扫描仪厂家相继停产，从此手持式扫描仪销声匿迹。

馈纸式扫描仪：诞生于 20 世纪 90 年代初，随着平板式扫描仪价格的下降，这类产品也于 1997 年后退出了历史舞台。

鼓式扫描仪：又称为滚筒式扫描仪，是专业印刷排版领域应用最广泛的产品，使用的感光器件是光电倍增管。

平板式扫描仪：又称平台式扫描仪、台式扫描仪，这种扫描仪诞生于 1984 年，是办公用扫描仪的主流产品，扫描幅面一般为 A4 或者 A3。

大幅面扫描仪：又称工程图纸扫描仪，一般指扫描幅面为 A1 或 A0 幅面的扫描仪。

底片扫描仪：又称胶片扫描仪，分辨率很高，专门用于胶片扫描。

（5）打印机。

从 1885 年全球第一台打印机的出现，到后来各种各样的针式打印机、喷墨打印机和激光打印机都在不同的年代发挥着自己不可替代的作用。1957 年，IBM 研发并出售了第一台点阵打印机。

20 世纪 60 年代，电子计算机产业迅速崛起。爱普生公司于 1968 年 9 月正式推出了全球第一台小型电子打印机 EP-101，给全球的电子计算机产业带来了相当的影响和震撼。20 世纪 90 年代以后，打印机逐步作为计算机主要的外围设备在日常生活和办公中被广泛使用。

（6）显示器。

早期计算机所使用的显示器多为 CRT 显示器，因为制造相对简单，并且色彩还原等效果好，所以 CRT 一直是早期计算机的主力。CRT 计算机显示器的结构相对复杂，十分笨重，所以又被人们戏称为大头显示器。

最早的 LCD 显示器诞生于 20 世纪 70 年代。相比 CRT 来说，LCD 显示器因为画面柔和、机身超薄、省电等特点成为显示器领域的新宠儿。

现在计算机所使用的主流显示器多为 LED 显示器，LED 和 LCD 的原理其实是一致的，区别在于 LED 显示器的背光源从 LCD 显示器的冷极荧光灯管换成了 LED 灯管。得益于 LED 本身超薄的特点，LED 显示器的厚度相比 LCD 进一步变薄，而且LCD 的高发热与背光不均匀等问题在 LED 上得到了优化。

2.4.2 外围设备的发展趋势

计算机外围设备技术发展日新月异，新的外围设备不断出现，新的应用领域不断拓展，其发展趋势将呈现集成化、网络化、无线化、智能化、多功能化、人性化和环保节能等特点。从 2015 年之后计算机外围设备的发展整体趋势有以下几个特点。

1. 集成化

计算机外围设备种类繁多、性能各异，涉及多个学科的知识。集成化是指外围设备是集成各种技术制成的，使用的技术领域包括机械、电子、光学和磁学等，产品的设计制造难度加大，研发经费投入增加。

2. 网络化

随着计算机网络的广泛应用，外围设备应具有网络接口，这样可以方便地连接到网络，成为网络上共享的外围设备，如现在广泛使用的智能摄像头和网络打印机等都具备网络接口，甚至在某些工作场景下可以脱离计算机主机独立工作。

3. 无线化

为了使外围设备的使用更加灵活、方便，外围设备与主机之间应具有无线通信功能，能以无线方式相互连接。特别是笔记本电脑、手机和平板电脑的普及，使得移动办公和移动电子商务的需求不断增加，对外围设备无线化的需求也越来越广泛。目前，不仅短距离通信的无线网络开始普及，使用蓝牙技术的外围设备产品也大量涌现。

4. 智能化

现在的外围设备产品不仅能够实现特定的功能，同时应智能地满足用户的需求和期待。微处理器技术的进步与价格的不断降低，使得外围设备可以根据需要嵌入微处理器以实现智能化。另外，人机交互方式也将引导外围设备智能化。传统上，人们主要通过键盘和鼠标来操作或使用计算机，而现在由于手机与平板电脑的大量普及使用，触控和语音识别技术日益成熟。用语音、手势、表情甚至眼神来引导计算机按照人们的意志执行命令也逐渐成为一种现实。例如，智能化的外围设备可以自动检测和识别外部环境，并进行相应的反应。智能门锁可以通过人脸识别来自动开锁，而不需要用户输入密码。

5. 多功能化

许多外围设备集成了多种功能，如多功能一体机，可以实现打印、复印、扫描和传真等功能，摄像头上可以内置麦克风；耳机上也可以内置麦克风；笔记本电脑的键盘可以兼有鼠标的功能；在平板电脑上，触摸屏则兼有鼠标和键盘的功能。

目前，我国计算机外围设备行业已经形成了从设计到销售的完善产业链，集中分布于长三角地区、珠三角地区。下游终端品牌客户通常会寻找生产技术完备、成本具有竞争力的计算机外设产品制造商进行合作。相较于国外键盘、鼠标生产厂商，国内键盘、鼠标生产厂商具备一定的成本管控优势。同时，经过多年的技术沉淀，国内生产厂商在产品开发设计、生产自动化、质量管理等方面与外资生产厂商的差距也在逐渐缩小。

2.4.3 国内外品牌的外围设备概况

1. 键盘

国内主要的键盘品牌有 ikbc、阿米洛、雷柏、达尔优等。

ikbc：是一个专注键盘创新与研发的国产自主品牌，成立于 2007 年，创立之初就以 PBT 键帽广为人知并一直延续至今。多年来 ikbc 不断引领机械键盘行业的发展，从改善大键手感到为键盘改善背光灯效。

阿米洛：拥有自家工厂和完善的机械键盘设计研发、生产及销售能力。阿米洛以"打造优质国产键盘品牌"为品牌理念，坚持走高端路线。阿米洛最出名的就是自己研发的静电容轴，创新了触发方式，把传统的触点触发方式改成了电容触发来研发的静电容轴，通过计算按压所产生的电容量触发，这种无触点触发的方式具有触发快速、无抖动的特点。由于没有了触点的摩擦，阿米洛静电容轴比一般机械轴更顺滑稳定，使用寿命也更长。

雷柏：雷柏的键盘传承实用功能主义产品理念，结合了现代实用主义设计风格。雷柏刀锋键盘，如图 2-40 所示。雷柏刀锋系列无线键盘以商务人士为主要受众群体，拥有纤细的外形，同时兼具流畅舒适的操控手感，另外还支持多模式、多设备同时连接，非常符合现代办公的发展趋势。

达尔优：达尔优投身于游戏产业，推出多款极具创新性的产品，引领键盘市场潮流，成为国内品牌最卓越的代表。达尔优 EK871 键盘如图 2-41 所示。

图 2-40 雷柏刀锋键盘　　　　　　图 2-41　达尔优 EK871 键盘

国外主要的键盘品牌有罗技、微软、雷蛇等。

罗技：罗技作为最为知名的外设厂家之一，是全球顶尖的个人计算机和其他 3C 产品输入与接口设备制造商，罗技特有的矮轴键盘，在设计时将按键高度降低，按键触发键程减小，减轻了触发压力，使得操作更为顺畅。

微软：微软主打人体工程学键盘，传统的键盘的正确打字姿势是希望用户像弹钢琴一样手悬在半空中打字，但长时间打字会使手缺乏支撑而导致很累。人体工学键盘会把所有按键围绕两个手来设计，所以上手的第一感觉是以前觉得不大好够到的按键轻松就能够到了（不需要变换手势），不必再低头去看那些难够的按键到底在哪里了。

雷蛇：雷蛇无论是赞助电竞赛事，还是与各种 IP 之间做联名产品，雷蛇的知名度在电竞外设品牌中名列前茅。雷蛇有其独特的光轴，有段落手感和线性手感可以选择。光轴的触发方式改成了通过光路是否导通来进行触发，这就与机械结构不同，很多东西可以自己设置，比如可以将触发点与重置点设在一起，可以更快地进行反复触发。甚至还可以更改触发点，可玩性很高。

2. 鼠标

国内主要的鼠标品牌有联想、明基、双飞燕等。联想鼠标有一个显著的特点，那就是鼠标简洁轻便，滑轮转动精确到位，是办公人员的理想选择。明基在开发每款鼠标的过程中均力求展现"人体工学"和"造型美学"兼备的设计理念，力争让便携和舒适在小小鼠标身上完美统一。双飞燕鼠标设计新颖，具有非常好的观赏效果。

国外主要的鼠标品牌有罗技、微软、雷蛇、惠普等。鼠标器及轨迹球方面，罗技一直以高品质以及最新的技术、独特的外形设计而著称，罗技一直致力于研制更具人性化特色的三键式鼠标、轨迹球产品以及鼠标驱动程序。罗技公司研发的带滚轮键的"罗技银豹"和"罗技旋豹"鼠标，更将计算机输入设备带入了一个新的时代。

一个厂商能否推出一款出色的人体工学外设也是衡量一个厂商实力的标准，而说到在人体工学外设领域最为成功的厂商莫过于微软。微软硬件自从成立以来便一直专注于人体工学外设的研究与设计，无论是键盘还是鼠标都有着极为出色的表现。

雷蛇一直有着"双击蛇"的"美誉"，但从机械微动的结构设计上来说，双击问题是永远没法彻底解决的。因此，雷蛇和欧姆龙合作，研发出了全新结构的、基于红外触发的光学微动。根据其结构特性，相较于机械微动，光学微动的触发速度更快、寿命更长。

3. 摄像头

国内主要的摄像头品牌有萤石、华为、联想等。萤石云监控摄像头的优点在于4K 画质比较清晰，在黑暗的情况下也可以很好地显示。萤石 C6CN 智能云台摄像头如图 2-42 所示。

华为摄像头主打 AI 智能应用，具备强大的技术后盾和完善的服务体系。相较于市面上的摄像头，华为 AI 摄像头的不同之处在于端侧和云侧的 AI 能力，在满足用户"看家"的同时，更进一步满足场景中智能化与家庭安防的需求。

联想的摄像头特点为精致小巧的摄像机和便携。联想智能云台摄像头 C33 如图 2-43 所示。

图 2-42　萤石 C6CN 智能云台摄像头

图 2-43　联想智能云台摄像头 C33

4．打印机

目前打印机和扫描仪在市面上逐渐融合为一体化办公设备，在日常办公中，人们基本上不会单独购买功能单一的打印机或扫描仪。国内主要打印机品牌主要有联想，奔图等。联想打印机的特点是打印效果相对于其他品牌的打印机来说十分丰富，而且它的通用性强，软件支持丰富，中文方式下完全兼容英文软件，适用于各种类型的微机、小型机、大型机和工作站且性能价格比高。奔图打印机产品的品质稳定可靠，其核心部件采用金属材质，坚固耐用。奔图打印产品全程自主研发，拥有安全芯片，捍卫政府、企事业单位与个人的信息安全。

国外主要打印机品牌包括惠普，佳能等。惠普是一家专门办公用的品牌制造商，旗下生产的打印机质量好，而且打印清晰，打印速度快，后期维护的费用也低，墨盒之类的配置设备成本便宜。

5．显示器

国内知名的显示器品牌有明基、冠捷、联想等。

明基显示器拥有领先业界的不闪屏技术，并成功推出护眼不闪屏显示器，其特有的不闪屏技术保证了显示器无论在任何的亮度条件下都不会出现闪烁的情况，降低了用户的眼睛疲劳，加强对眼睛的保护功效，即使长时间用眼也不会感到不适，同时让画面更加清晰。冠捷显示器性价比较高，显示器使用采用三菱钻石珑管制作而成，使得显示效果更加的清晰，冠捷显示器如图 2-44 所示。联想拥有极高的 IPS 显示技术，IPS 显示技术的显示器具备较高的色彩还原能力，画质的色彩更鲜艳自然，能够展现亮丽，联想 ThinkVision 系列显示器如图 2-45 所示。

图 2-44 冠捷显示器

图 2-45 联想 ThinkVision 系列显示器

国外知名的显示屏品牌有三星，戴尔等。

三星显示器以其独有的设计和质量占据了显示器的高端市场，这完全得益于三星在显示器面板领域起步较早，制造工艺较成熟，拥有自主的知识产权。

戴尔显示器的多年出货量稳居世界前列，几乎在每项显示器技术的前沿阵地都有戴尔的身影，戴尔既不生产面板，也没有自己的装配工厂，完全采用代工模式生产，代工是很常见的国际分工，是适应大规模生产和降低成本的合理选择，品牌的投入是决定产品优劣的关键。

2.5 网络设备

 场景 ●●●

2019 年，国际权威调研机构 Omdia 组织发布了年度全球路由器市场统计报告，在全球运营商领域，华为路由器再次拿下市场份额排名第一。其实，早在 2018 年，华为路由器就在全球运营商市场第一次实现登顶。骨干路由器更是连续三年保持第一，城域路由器首次跃居第一，在整体及细分市场已经全维度领先。

目前，我国的烽火通信、腾达科技、锐捷网络与迈普通信等企业生产电信级网络设备，在低端市场已经参与了全球网络设备的竞争；高端的网络设备由华为、中兴与新华三参与全球网络设备的竞争。这些企业在参与全球的网络设备的市场竞争中都具有一定的竞争优势。

想一想 ●●●

1. 你知道网络设备都有哪些吗？

2. 你知道国内外著名的网络设备厂商都有哪些吗？

2.5.1 网络的概念

1. 什么是网络

简单地说，网络是指利用通信线路，将地理上分散的、具有独立功能的计算机系统和通信设备，按不同的形式连接起来，实现资源共享和信息传递的系统，如图 2-46 所示。

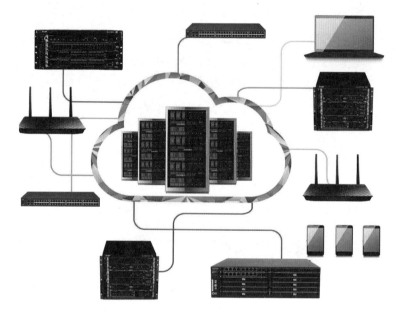

图 2-46　网络示意图

狭义上的网络是指计算机网络、计算机通信网；广义上的网络是指各种智能终端之间互联，如手机、电视机、打字机等设备的互联。

2. 网络的类型

今天的网络涉及生活的各个领域，网络分类方式包括无线网络、有线网络、手机网络、电信网络等。按照网络覆盖的范围，可将网络划分为局域网、城域网和广域网。

（1）局域网。

局域网（Local Area Network，LAN）是指在局部地区范围内的网络，它所覆盖的地区范围较小。局域网场景如图 2-47 所示。

（2）城域网。

城域网（Metropolitan Area Network，MAN）一般来说是指在一座城市范围内的计算机互联的网络。这种网络的连接距离可以在 10 ～ 100 千米，它采用的是 IEEE802.6 标准。

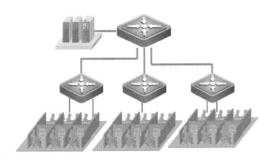

图 2-47　局域网场景

（3）广域网。

广域网（Wide Area Network，WAN）也称远程网，所覆盖的范围比城域网（MAN）更广，它一般是在不同城市之间的 LAN 或者 MAN 的网络互联，地理范围可从几百千米到几千千米。广域网场景如图 2-48 所示。

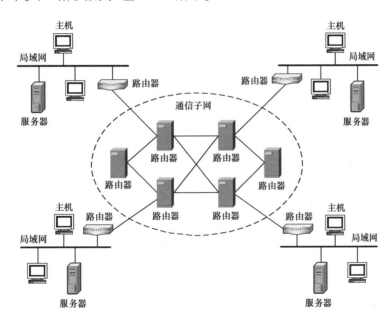

图 2-48　广域网场景

3．互联网

互联网（Internet）又称国际网络，指的是网络与网络之间所串联成的庞大网络，这些网络以一组通用的协议相连，形成逻辑上的单一巨大国际网络，是连接全世界网络的网络。

2.5.2　认识网络设备

网络设备是实现网络连通的重要连接器。形象地说，网络就像生活中地铁网中的轨道路线网，而网络设备就是其中的"地铁换乘站"。"数据"乘坐地铁列车，通过隧道直达或换乘到达目标车站。地铁换乘站设计得好坏，直接影响乘车人的体验；而网络设备性能的优劣，也直接影响了网络的通信效率。

1. 常见的网络设备

常见的网络硬件设备包括网络服务器、网络互连设备、网卡、传输介质等。下面分别介绍各网络设备在网络中承担的功能。

（1）网络服务器。

网络服务器是一台速度快、存储量大、性能高的计算机，负责网络中的资源管理和用户服务，是网络系统的核心设备，如图 2-49 所示。

（2）网络工作站。

网络工作站是一台独立运算的计算机，用户在工作站上处理日常工作，并从服务器上获取数据，如图 2-50 所示。

（3）网卡。

网卡将计算机与通信设备连接，实现数据信号的发送、接收、缓存、纠错、封装及信号的模/数转换等功能，如图 2-51 所示。

图 2-49　网络服务器　　　图 2-50　网络工作站　　　图 2-51　网卡

（4）调制解调器（MODEM）。

调制解调器是一台网络信号转换装置，如图 2-52 所示。在发送端，它把计算机中二进制的数字信号调制成用通信线路传输的模拟信号；在接收端，再将通信线路的模拟信号解调成供计算机识别的二进制数字信号。

（5）集线器（Hub）。

集线器是局域网中的组网设备，它具有多个端口，用网线将分散的计算机与服务器连接，形成星形拓扑网络，在网络中通过广播的方式传输信息，如图 2-53 所示。

（6）交换机（Switch）。

交换机连接局域网中的计算机，形成星形拓扑网络，如图 2-54 所示。目前交换机已逐步取代集线器，成为局域网中组网的重要设备。

图 2-52　调制解调器　　　图 2-53　集线器　　　图 2-54　交换机

（7）路由器（Router）。

路由器可将不同类型的网络连接在一起，如图 2-55 所示。在互联网中，数据从一台计算机发出，中途经过多台路由器分发才能转发到另一台计算机上。

（8）防火墙。

防火墙能在内部网和外部网之间构造安全保护屏障，防止互联网上的非授权访问。进出网络的通信和数据包，均要经过防火墙进行安全检查。防火墙安全设备如图 2-56 所示。

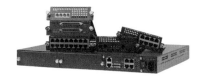

图 2-55　路由器　　　　　　　　图 2-56　防火墙安全设备

（9）无线 AP（Access Point）。

无线 AP 是无线网络中的终端接入设备，通常有"胖" AP（Fat AP）和"瘦" AP（Fit AP）的区分。"胖""瘦"一体无线 AP 设备如图 2-57 所示。

（10）无线控制器 AC。

无线控制器 AC 也称为无线交换机设备，是组建 Fit AP+AC 大型无线网的重要组网设备。如图 2-58 所示为无线接入管理控制设备 AC。

图 2-57　"胖""瘦"一体无线 AP 设备　　图 2-58　无线接入管理控制设备 AC

2. 国内外市场的网络设备提供商

进入信息化时代，得益于国家对信息化建设的大力投入，国内的网络市场十分繁荣。目前，国内的市场中有着数量众多的网络设备提供商。

大众习惯将交换机和路由器这两种设备叫作数通设备。该类设备的国内厂商主要包括华为、中兴、H3C、深信服、锐捷、迈普、博达、神州数码、D-Link、TP-Link等；国外厂商主要包括思科、惠与、派拓网络、飞塔和 Arista Networks 等公司。

在运营商的网络设备提供厂商中，市场上的最主流的供应商是华为和中兴，这两家都是大型企业，且品牌影响力大。华为和中兴都拥有完善的运营商产品生产线，它们为运营商提供光传输和无线通信产品。因此，其产品和服务也主要集中在运营商。华为和中兴的 Logo 如图 2-59 所示。

图 2-59　华为和中兴的 Logo

在企业网市场的网络设备提供厂商中，华为、H3C、深信服和锐捷都具备相对比较完善的产品线，各自都拥有一定的市场份额。H3C、深信服和锐捷的 Logo 如图 2-60 所示。

图 2-60　H3C、深信服和锐捷的 Logo

此外，迈普自研的低端路由器在金融网点等低端应用场景具备优势，博达自研的低端交换机在金融末端接入具备优势。

目前，国内提供安全产品的主要厂商有奇安信、绿盟科技、深信服、天融信、启明星辰、安恒信息、山石网科等，这些厂商都在各自的领域提供配套的安全产品和服务。其中，国内主流安全厂商的信息安全产品布局见表 2-3。

表 2-3　国内主流安全厂商的信息安全产品布局

类别	三六零	深信服	启明星辰	天融信	卫士通	绿盟科技
防病毒	√			√		√
终端管理	√		√			
防火墙	√	√	√		√	√
IDS/IPS/WAF			√	√	√	

2.5.3　网络设备的发展历程

1．了解网络设备的发展历程

1946 年第一台数字计算机问世时，当时，还没有计算机通信的概念。

最早的计算机通信网是面向终端的联机系统，主要实现在大型计算机上进行计算、存储资源的共享，其网络结构是一台主机通过物理线路连接多台终端。

在 20 世纪 60 年代出现了共享线缆的局域网技术，该网络主要使用同轴电缆和 T 型收发器连接网络。网络中的同轴电缆和 T 型收发器连接如图 2-61 所示。

20 世纪 70 年代，由于竞争的需要，该网络的架构改变为星形拓扑，由集线器设备替代 T 型收发器，使用双绞线替代价格昂贵的同轴电缆。集线器组建的星形拓扑网络如图 2-62 所示。

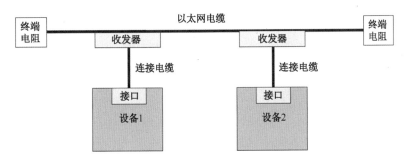

图 2-61 网络中的同轴电缆和 T 型收发器连接

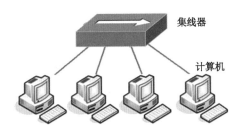

图 2-62 集线器组建的星形拓扑网络

1969 年包交换技术在阿帕网投入运行，虽然当时只有 4 个节点，但已经奠定了计算机网络的基本形态与功能。包交换技术在网络中提供了路由和转发两种机制。包交换技术涉及的路由器设备，如华为路由器设备，如图 2-63 所示。

特别是在 20 世纪 80 年代出现的交换机设备，极大地推动网络的传输速度进入一个新时代。交换机设备把传统的网络速度从最低传输速度 3Mbit/s 逐步推动至跨过 10Mbit/s、100Mbit/s 到达千兆位速度时代。相关的交换机设备，如华为交换机设备，如图 2-64 所示。

图 2-63 华为路由器设备

图 2-64 华为交换机设备

2. 国内网络设备的发展历程

（1）20 世纪 90 年代，国内网络设备起步阶段。

20 世纪 90 年代，国内尚未建立完整的网络通信技术自主研发体系，网络通信设备的研发及生产以国外大型通信设备公司为主。

部分网络通信设备制造商开始承接欧美发达国家产业转移的生产业务，网络通信设备行业开始积累生产管理经验、管理人才及技术储备，行业正式起步发展。在此期间，诞生了华为网络、中兴通讯、烽火通信、大唐电信等设备生产厂商。

（2）21 世纪初，网络设备全面发展阶段。

进入 21 世纪，随着信息化时代来临，我国对网络通信基础设施建设的重视程度不断提升，以华为、中兴为代表的中国通信企业崛起，企业以持续的高额研发投入、全球化的市场布局，在全球通信设备市场已经从追赶者逐渐变成了行业领跑者。

同时，国内通信设备厂商积极利用资本市场进行产业整合，壮大实力，以星网锐捷、烽火通信等为代表的国内网络通信设备厂商，在市场营销及品牌推广方面于全球网络通信设备市场上均有较好的表现，逐步发展为行业内知名品牌商。

（3）2014 年至今，国内网络设备快速发展阶段。

近年来，随着云计算、物联网、视频应用、社交网络、网络直播等业务类型的发展，网络数据流量增长迅猛，激增的流量使骨干网和接入网建设加快，对网络通信设备的需求也不断提高。尤其是 2015 年开始的"互联网+"、宽带中国建设等，使得各产业出现新一轮信息化建设浪潮。

在多方面利好因素的影响下，国内网络通信设备企业实现了快速发展，未来发展趋势持续向好。随着国内品牌厂商的崛起，OEM/ODM 模式的国内网络通信设备制造商纷纷开始将事业重心转向国内，实现国内外市场均衡发展，提升了抗风险能力。

2.5.4　与网络设备相关的就业岗位

按照网络设备的生命周期，一个完整的网络建设周期的完成，其工作过程包括售前阶段、售中阶段和售后阶段。同时，网络设备的销售任务，贯穿网络建设的整个工作过程。其中，每个阶段都需要对应的专业技术人员推动项目进行。网络设备涉及的就业岗位如图 2-65 所示。

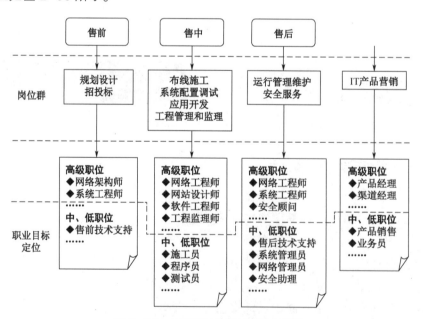

图 2-65　网络设备涉及的就业岗位

网络设备的售前、售中和售后阶段，是信息化建设生命周期中的三个不同阶段，面对的人员、设备和技术并无太大区别，岗位和能力要求具有共性，主要的就业单位的类型包括系统集成公司、网络工程建设与服务企业；信息工程监理企业；软件开发、咨询与服务企业；信息安全产品开发、信息安全策略咨询与安全防护服务企业；IT设备、软件及信息安全产品销售与技术服务企业；政府信息化及一般企事业单位（仅IT部门）内部的信息管理人员。

此外，网络设备对于国企/事业单位内部的主要就业部门包括市场部、工程部、开发部、售后服务部、系统维护、信息技术部。可从事的相关工作岗位有系统管理员、网络管理员、售前售后技术支持、安全助理、网页设计员、网站维护员、程序员、信息工程管理员、信息工程监理员、信息化管理员、数据库管理员、施工员、测试员等。

本章小结

本章节主要围绕基础硬件（处理器芯片、存储设备、服务器及终端、外围设备及网络设备）进行了讲解。首先了解各基础硬件的概念、发展历史及现状；然后在此基础上，进一步学习相关基础硬件设备的生产厂商及产品；最后从结果导向出发，介绍了相关的就业岗位。

思考题

1. 简述身边硬件设备所对应的生产厂商。
2. 在不久的将来，芯片纳米工艺即将到达物理极限，试想一下芯片的后续发展中有哪些可以创新的技术方向。
3. 存储设备的分类有哪些？
4. 简述所知道的服务器、终端及外围设备都发挥着什么作用。
5. 简述所熟悉的一家网络设备厂商，并说出该厂商主要提供生产的网络产品及产品在网络通信过程中发挥的作用。

第3章

基 础 软 件

　　基础软件主要包括操作系统、数据库和中间件等。操作系统是最基础、底层的计算机软件；数据库是存放数据的地方；中间件是介于应用系统和系统软件之间的一类软件，它使用系统软件所提供的基础服务。由于基础软件处在应用层和硬件之间，要建立一个健康的商业环境，基础软件不可或缺。任何一个系统如果没有基础软件，即使有再好的硬件、再好的应用软件也无法运转。因此，基础软件的发展，也将成为推动国内厂商产品市场化的重要力量。

3.1 操作系统

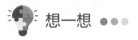 场景 ●●●

在大力发展数字经济、各行各业数字化转型如火如荼的新时代背景下，国内发展基础软件尤为重要。

以操作系统为例，从技术的角度来说，其研发难度非常之高。操作系统承担着用户、软件和硬件三方的"接口和枢纽"的角色。从底层来看，操作系统需要兼容各种各样的硬件，不仅要保证硬件的可用性，还要考虑效率等因素；从上层来看，需要适配大量的软件；从用户方面来看，需要考虑美观、高效、安全、稳定等因素。在这些因素中，生态是决定操作系统成败的重中之重。

显然，无论是与 20 年前相比，还是与 10 年前相比，软件生态都更加重要了。目前，针对国内市场用户的个性化需求的国内厂商开发的基础软件已经初见端倪。

想一想 ●●●

1. 数字化建设需求和用户需求与基础软件的产品价值的结合点是什么？
2. 如何快速完成基础软件的生态构建呢？

3.1.1 操作系统的基本知识

计算机的各组成部分互相配合、协调一致的工作是通过操作系统指挥和控制的。操作系统是最基本、最基础的系统软件，是计算机系统的重要组成部分。任何用户都是通过操作系统使用计算机的。一台计算机开机启动必须首先引导操作系统，即把系统盘的内容从磁盘读入内存。在操作系统的支持下，用户才能使用其他应用软件，如办公软件、娱乐软件等。换句话说，用户要管理好自己的计算机，对它运用自如，必须首先掌握操作系统的使用。

操作系统是为提高计算机的利用率，方便用户使用，缩短计算机响应时间而配备的一种软件。它是对计算机全部资源进行控制与管理的大型程序，由许多具有控制和管理功能的子程序组成。

一个完整的计算机系统由硬件系统和软件系统两部分组成，只有硬件的计算机称为

"裸机"，不能直接为用户所使用。操作系统是对硬件机器的第一级扩充，它的主要任务是使硬件所提供的能力得到充分的利用，支持用户应用软件的运行并提供服务。

随着移动通信技术的发展，手机等移动终端开始广泛被人们应用，出现了移动终端操作系统。另外，按照系统所要求和提供的安全性、稳定性、可靠性等性能的不同，操作系统还可分为桌面操作系统、服务器操作系统和专用设备操作系统，如图 3-1 所示。

桌面操作系统　　　　　服务器操作系统　　　　　专用设备操作系统

图 3-1　桌面操作系统、服务器操作系统和专用设备操作系统

桌面操作系统一般包含桌面环境、自带应用、众多来自应用厂商的原生应用软件等，尽可能多地支持多种 CPU 架构，以便满足用户的日常办公和娱乐需求。桌面操作系统强调系统界面的友好性及普通用户的使用体验，以兼容更多应用软件为主要原则。

服务器操作系统一般在桌面操作系统的基础上，向用户的业务平台提供标准化服务，以及虚拟化、云计算等应用场景支撑，支持主流商业和开源数据库、中间件产品，支持各种云平台产品，具备优秀的可靠性、高度的可用性、良好的可维护性，能够满足业务拓展和容灾需求的高可用和分布式支撑。

专用设备操作系统一般是在桌面操作系统的基础上，针对专用设备应用场景进行系统裁剪和个性化定制，具备可靠的稳定性、优异的性能，可满足诸如金融自服设备、网络安全设备等应用场景需求。

3.1.2　操作系统安全的重要性

随着计算机及网络技术与应用的不断发展，伴随而来的计算机系统安全问题越来越引起人们的关注。计算机系统一旦遭受破坏，将会给使用单位造成巨大经济损失，并严重影响正常工作的顺利开展。加强计算机操作系统的安全性，是信息化建设的重要工作内容之一。

操作系统安全在计算机信息系统的整体安全性中具有至关重要的作用，没有操作系统提供的安全性，计算机系统的安全性就得不到保障。

2017 年发生了一起全球性的网络攻击事件——"永恒之蓝"事件，影响了数十万台计算机，造成了巨大的经济损失和数据泄露，如图 3-2 所示。该事件是由微软公司的 Windows 操作系统中的漏洞引发的，攻击者利用该漏洞向受害者的计算机发送恶意代码，导致计算机被黑客控制。其中，我国多个高校校内网、大型企业内网等相继中招，需支付高额赎金才能解密恢复文件，对其重要数据造成严重损失。针对该事件，微软公司发布了安全更新，修复了该漏洞。

图 3-2 "永恒之蓝"事件

该事件引起了全球范围内的关注和警惕，提醒人们要重视网络安全问题，加强防范措施，保护个人和企业的信息安全。实际上，更深层次的问题是，一个黑客或者一个公司采用类似黑客的手段入侵到其他信息系统时，其就会操控这个系统，系统的安全性就没有保障。这所涉及的不仅仅是个人信息系统的安全问题，也会涉及国家信息安全问题，不断引起社会各界的忧虑和广泛关注。

3.1.3 操作系统的发展历程和发展前景

操作系统的发展历程是一个漫长而不断进步的过程。从最初的简单控制程序，到如今的多任务、多用户、分布式和云计算操作系统，操作系统在不断地满足着人们对于高效、便捷和安全的需求。

早期的计算机资源非常有限，操作系统的主要目的是管理硬件资源，如内存、磁盘和处理器等。随着计算机技术的不断发展，操作系统的功能也逐渐扩展，开始支持多任务处理、多用户访问和网络连接等功能。

随着个人计算机的普及，图形用户界面的操作系统逐渐成为主流。微软的Windows 和苹果的 Mac OS 等图形界面操作系统逐渐普及，这些操作系统为用户提供了更加直观和易用的界面，以及丰富的视觉体验和便捷的操作方式。

进入 21 世纪后，互联网和云计算技术的快速发展对操作系统提出了新的挑战。开源操作系统（如 Linux）逐渐崭露头角，它们具有高度的灵活性和可定制性，而云操作系统则将计算和存储资源虚拟化，使得用户可以随时随地通过网络访问数据和应用程序。云操作系统能够提供大规模的计算和存储资源，并且可以根据需求进行动态调整。此外，物联网和人工智能等技术的兴起也为操作系统的发展带来了新的机遇和挑战。

早在 20 世纪 60 年代中期,我国就开始了操作系统的研发,由南京大学孙钟秀教授、北京大学杨芙清院士牵头开发出我国最早的操作系统"150 机",不过那时操作系统的用途主要用于工业,目的是改善石油勘探数据计算,提高打井出油率。但是由于种种原因,操作系统的研发发展比较缓慢,此时的操作系统并没有大规模在民用及商业中运用。

目前,国内的操作系统主要是以 Linux 为核心的操作系统。如统信 UOS、银河麒麟、红旗 Linux、中科方德、中兴新支点、普华等操作系统。但是,依据目前我国主流国内厂商开发的操作系统的使用情况来看,有很多迫切的问题仍然需要得到解决。

目前国内厂商的操作系统面临的最大问题是软件生态问题。一直以来,国内操作系统存在软件生态不成熟的问题,很多公司未提供直接在国内操作系统下运行的软件。以腾讯公司的 QQ 软件为例,与 Windows 系统下的 QQ 软件相比,从外观到使用体验均无法令用户接受。如果要实现在国内厂商开发的操作系统达到和 Windows 系统下使用 QQ 软件相同的体验效果,则需要在国内厂商开发的操作系统下安装并运行在 wine 容器中的腾讯软件,但这会导致一定的兼容性问题。

挑战与机遇并存,问题也是前进的动力。虽然目前国内厂商开发的操作系统面临着一些困境:用户体验仍待提高,图形界面稳定性仍有缺点、硬件驱动仍需匹配、软件生态圈还需继续扩大,以及专业软件的追赶等诸多问题。但目前国内厂商开发的操作系统可完全支撑人们日常生活与办公。

3.1.4 我国主流操作系统及技术厂商

我国主流的国内厂商开发的操作系统如图 3-3 所示。

图 3-3　国内厂商开发的操作系统

(1)统信 UOS 操作系统。

统信 UOS 操作系统是由统信软件开发的一款基于 Linux 内核的操作系统,操作系统产品已经和龙芯、飞腾、申威、鲲鹏、兆芯、海光、海思麒麟等芯片厂商开展了广泛和深入的合作,与国内各主流整机厂商,以及数百家软件厂商展开了全方位的兼容性适配工作,能够支持众多厂商的笔记本电脑、台式机、一体机、工作站和服务器。目前,统信已经建立了国内较活跃的操作系统社区,统信 UOS 操作系统提供 40 种不同的语言版本，用户遍及全球 40 多个国家和地区，是全球开源操作系统排行榜上排行最高的中国操作系统产品。统信软件正努力发展和建设以软/硬件产品为核心的创新生态，同时不断加强产品与技术研发创新。

（2）银河麒麟操作系统。

银河麒麟操作系统是一套拥有自主知识产权的服务器操作系统。它具有高安全、高可靠、高可用、跨平台、中文化（具有强大的中文处理能力）等特点。银河麒麟 2.0 操作系统完全版共包括实时版、安全版、服务器版三个版本，简化版是由服务器版简化而成的。

（3）红旗 Linux 操作系统。

红旗 Linux 操作系统是由北京中科红旗软件技术有限公司开发的一系列 Linux 发行版操作系统，包括桌面版、工作站版、数据中心服务器版、HA 集群版和红旗嵌入式 Linux 版等产品。红旗 Linux 是中国较大、较成熟的 Linux 发行版之一。

（4）中科方德桌面操作系统。

中科方德桌面操作系统是由中科方德软件有限公司推出的一款免费开源操作系统，该操作系统基于 Linux 开发，可以满足普通用户学习、办公、上网、开发应用及娱乐等需求。

（5）新支点操作系统。

新支点操作系统是基于 Linux 研发的操作系统，旗下有新支点工业操作系统、服务器操作系统、桌面操作系统等产品，可以安装在台式机、笔记本电脑、一体机、ATM柜员机、取票机、医疗设备等终端，可以满足日常办公使用。

（6）普华操作系统。

普华操作系统分服务器操作系统产品和桌面操作系统产品，能够满足电子政务、智慧城市、生产作业系统等多个领域的应用需求。

3.1.5 操作系统相关的就业岗位

操作系统发展的市场需求，催生了新的就业需求，如基于操作系统的桌面管理员、系统工程师、运维工程师、云计算工程师、开发工程师、测试工程师等职业。

国内操作系统从业人员应当了解和掌握计算机的软件及硬件的专业知识，了解和掌握计算机操作系统的系统控制、应用控制、网络控制、安全控制等技术知识，还要了解和掌握各厂商生产的计算机系统的安全、运行、维护、开发、测试等专业知识。

（1）操作系统管理员。

操作系统管理员负责应用系统底层的操作系统的日常运行维护工作，如增加和培植新的工作站，执行、预防、保护、修复病毒传播的程序，分配海量存储空间等；负责服务器上的软件的安装、配置和升级，在发生故障时查找原因并及时维修；负责执行操作系统相关的变更；负责定期查看操作系统日志，对异常情况及时上报和处理。

（2）操作系统运维工程师。

操作系统运维工程师负责操作系统及其相关应用组件的日常维护工作，确保系统稳定、安全、可靠地运行；负责操作系统和应用中间件的部署、配置和变更工作，确保配置项及时更新和稳定运行；负责操作系统和应用的日常监控及巡检，及时进行故障排除，确保系统正常运行；负责业务系统的程序发布工作，优化发布流程，确保业务系统的稳定运行；按实际运维体系的要求及时完成相关工作任务；协助部门主管完善运维的工作流程和制度。

3.2 数据库

场景 ●●●

> 云计算、大数据和人工智能时代的到来，加速了各行各业数字化转型的进程。在信息技术快速发展的新时代背景下，涌现出了大量的用户需求，特别是很多特有的个性化需求，国内的数据库厂商也迎来了巨大的历史发展机遇。
>
> 虽然国内数据库相对于外国数据库起步晚，但国内数据库厂商正在逐步缩小与世界水平的差距。国内数据库厂商以研制承载大数据应用的新型数据库为突破口，以数据价值密度高的行业大数据为重点，聚焦于云计算、大数据和人工智能的应用需求，研发能够支持企业级大数据分析的数据库集群架构，以达到 PB 级结构化数据的分析类应用，比传统数据库快 10～100 倍的性能。可以相信，只要国内数据库厂商能够抓住发展机遇，提高产品的成熟度，就能够在市场上占领一席之地。

想一想 ●●●

1. 相对于传统的手工方式，利用数据库系统来处理信息和业务的优势在哪里？
2. 人们身边有哪些业务可以利用数据库来代替手工处理的呢？

3.2.1 数据库的概念

什么是数据库？广义上讲，数据库（Database）是按照数据结构来组织、存储和管理数据的"仓库"。人们在生产和生活中需要建立众多的数据库来实现自动化的管理。

例如，在图书馆人们需要将图书信息（图书编号、书籍分类、图书名称、作者、出版社名称、出版日期、定价），借阅卡信息（卡编号、借阅人姓名、性别、身份证号、出生年月日、办卡日期），图书借阅信息（借阅编号、借阅人、借阅图书编号、借阅时间），图书归还信息（归还编号、借阅编号、归还时间）等存放在表中，这些表组合在一起就可以看成是一个数据库。在这个"数据库"的基础上，人们可以研发一套图书管理系统，图书管理员就可以使用这套图书管理系统，进行图书借阅和归还业务处理，还可以根据需要随时查询图书的相关信息，查询图书借阅和归还信息等。

如图 3-4 所示，在这套"图书管理系统"的功能说明图中可以看到该图书管理系统中有两个角色："图书馆超级管理员"和"图书馆一般管理员"，包括 5 大功能模块："管理员信息管理""图书库存管理""借阅卡信息管理""图书借阅管理""图书归还管理"。其中，"图书馆超级管理员"拥有所有功能的权限，"图书馆一般管理员"拥有除"管理员信息管理"功能外的所有功能。

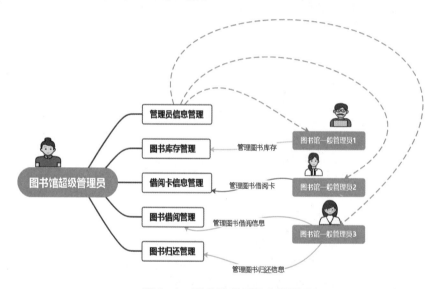

图 3-4　图书管理系统功能说明

利用关系模型数据库来组织这套图书馆管理系统中的数据，所有信息都是以二维表格（关系表）的形式组织的。以图书信息表为例，见表 3-1，橙色代表的行为一条记录，蓝色代表的列为一个字段，"出版社名称"是该字段的字段名。在一个关系表中，如果一个字段或几个字段组合的值可唯一标识其对应记录，则称该字段或字段组合为主键。一个表有且仅有一个主键，一般用下画线标出。例如，在图书信息表中，"编号"字段中的值可唯一对应图书，那么"编号"字段为该表的主键。该表的结构可表示为图书信息（图书编号、书籍分类、图书名称、作者、出版社名称、出版日期、定价）。在关系数据库中，每个关系都需要进行规范化，使之达到一定的规范化程度，从而提高数据的结构化、一致性和可操作性。

表 3-1　图书信息表

编号	书籍分类	图书名称	作者	出版社名称	出版日期	定价（元）
1	计算机类	达梦数据库应用与实践	邓小飞	电子工业出版社	2023 年 11 月	56
2	小说类	三体（共 3 册）	刘慈欣	海南电子音像出版社	2008 年 1 月	93
3	古典名著	红楼梦	曹雪芹	中华书局出版	2005 年 4 月	38
4	书画类	书法有法	孙晓云	江苏美术出版社	2014 年 4 月	98

对于一个关系表，如果要查询它的某一记录或者某一字段信息，或者删除、修改信息，应如何实现呢？数据库是一个庞大的数据集合，逐个查看是不可能的，利用 SQL 语言（结构化查询语言）可以轻松地完成这些操作。很多数据库管理系统都支持这一语言，如达梦，Access、SQLServer、MySQL、Oracle 等。SQL 语言的功能包括数据定义语言（DDL）、数据操作语言（DML）、数据控制语言（DCL）和数据查询语言（DQL）。

下面通过几个场景来说明"图书馆管理系统"的工作流程。

场景一：图书借阅，其工作流程如图 3-5 所示。

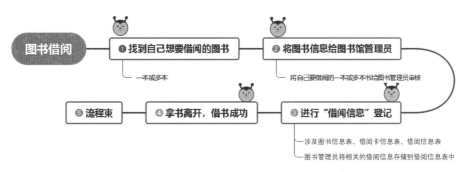

图 3-5　图书借阅工作流程

读者去图书馆借阅图书，先要找到需要借阅的图书（一本或多本），然后将需要借阅的图书信息给图书馆管理员，图书馆管理员会根据图书的信息进行借阅信息登记，并将这些信息存储到数据库中，此时图书借阅成功。

场景二：图书归还，其工作流程如图 3-6 所示。

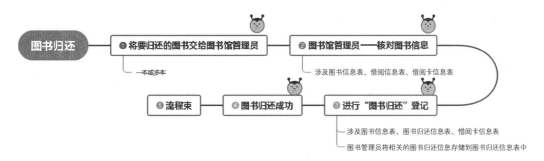

图 3-6　图书归还工作流程

读者去图书馆归还图书，将需要归还的图书（一本或多本）交给图书管理员，图书管理员根据借阅信息进行——核对，没有问题后，将归还信息存储到数据库中，此时图书归还成功。

场景三：借阅信息查询，其工作流程如图 3-7 所示。

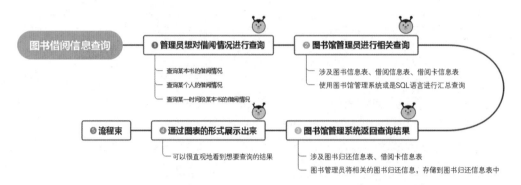

图 3-7　借阅信息查询工作流程

图书管理员想查询某本图书的借阅情况，可以通过图书馆管理系统，从存储在数据库中的图书信息表和借阅信息表进行关联查找，然后就可以查询出某本图书的全部借阅信息，也可以查询出某人的所有的借阅记录等。

通过以上场景可以看出，利用数据库可以方便、快速地查询出所需要的信息，并能对这些信息快速地进行相应的业务处理。特别是针对越来越庞大的数据处理，数据库的优势不言而喻。

3.2.2　数据库的相关术语、类型、特点及应用领域

1. 数据库的相关术语

数据库常用的四个相关术语：数据、数据库、数据库管理系统和数据库系统。

（1）数据（data）。

数据是描述事物的符号记录，可以有数字、文字、图形、图像、音频、视频等多种表现形式，可以经过数字化存入计算机之中。数据的表现形式还不能完全表达其内容，需要经过解释。数据的解释是指对数据含义的说明，数据含义被称为语义，数据与其语义是密不可分的。

（2）数据库（DataBase，DB）。

长期储存在计算机内的、有组织的、可共享的大量数据的集合称为数据库。数据库中的数据按照一定的数据模型组织、描述和储存，具有较小的冗余度（Redundancy）、较高的数据独立性（Data Independency）和易扩展性（Scalaility），可供各类用户共享。

（3）数据库管理系统（DataBase Management System，DBMS）。

数据库管理系统是位于用户与操作系统之间的数据管理软件。数据库管理系统主

要具备以下功能。

① 数据定义功能：提供数据定义语言（DDL），让用户方便地对数据库中的数据对象进行定义。

② 数据组织、存储和管理功能：目的是提高存储空间利用率和存储效率。

③ 数据操纵功能：提供数据操纵语言（DML），实现对数据库的基本操作，如增、删、改、查等。

④ 数据库的建立和维护功能：统一管理、控制数据库，以保证安全、完整、多用户并发使用。

⑤ 其他功能：与网络中其他软件系统的通信功能，以及异构数据库之间的互访和互操作功能等。

（4）数据库系统（Database System，DBS）。

数据库的建立、使用和维护等工作仅靠一个数据库管理系统远远不够，还要由专门的人员来完成，这些人被称为数据库管理员（DataBase Administrator，DBA）。数据库系统是由数据库、数据库管理系统及其应用开发工具、应用程序和数据库管理员（DBA）组成的存储、管理、处理和维护数据的系统。

2. 数据库的类型

数据库的类型有很多种，通常分为四种：层次模型数据库、网状模型数据库、关系模型数据库和非关系模型数据库。从最简单的存储有各种数据的表到能够进行海量数据存储的大型数据库系统，都在各个方面得到了广泛的应用。随着信息技术的发展和人类社会的不断进步，特别是 2000 年以后，数据库不仅仅用于存储和管理数据，而是转变成用户所需要的各种数据管理方式。在当今的互联网中，最常用的数据库模型主要是关系模型数据库和非关系模型数据库两种。

关系模型数据库是把复杂的数据结构归结为简单的二元关系（二维表格形式）。在关系模型数据库中，对数据的操作几乎全部建立在一个或多个关系表格上，通过对这些关联表的表格分类、合并、连接或选取等运算来实现数据的管理。关系模型数据库诞生距今已有 40 多年了，主要的关系模型数据库有达梦、金仓、神舟、MySQL、Oracle、DB2 等。

非关系模型数据库也被称为 NoSQL（Not only SQL）数据库，随着互联网的兴起，传统的关系模型数据库在应对规模日益扩大的海量数据、超大规模和高并发的微博、微信类型的 Web 2.0 纯动态网站已经显得力不从心，暴露了很多难以克服的问题。于是开始出现了大批针对特定场景、以高性能和使用便利为目的的功能特异化的数据库产品，NoSQL 的数据库就是在这样的情景中诞生并得到了飞速发展。

因此，NoSQL 的产生并不是要彻底否定关系模型数据库，而是作为传统关系模型数据库的一个有效补充。NoSQL 数据库在特定的场景下可以发挥出难以想象的高效率和高性能。主要的非关系模型数据库有达梦蜀天梦图数据库、Memcached、Redis、HBase、MongoDB、Neo4j 等。

3. 数据库系统的特点

（1）数据结构化。实现整体数据的结构化，是数据库系统与文件系统的本质区别。数据库中的数据不再仅仅针对某一个应用，而是面向全组织，不仅内部是结构化的，而且整体是结构化的。在文件系统中，文件内部有某些结构，但文件之间没有联系，而关系模型数据库中，关系表之间的联系可用参照完整性来表达。

（2）数据共享性高，冗余度低，易扩充。

（3）数据独立性高。包括数据的物理独立性和逻辑独立性。物理独立性指用户的应用程序与存储在磁盘上的数据库中的数据是相互独立的，数据库中的数据存取是由DBMS 管理的。数据独立性是由 DBMS 的二级映像功能来保证的。

（4）数据由 DMBS 统一管理和控制。

4. 数据库的应用领域

数据库的应用领域非常广泛，小到个人、家庭，大到企业、公共设施和政府部门，都需要使用数据库来存储数据信息，传统数据库中的很大一部分用于商务领域。随着信息时代的发展，数据库也相应产生了一些新的应用领域，主要表现在以下 6个方面。

（1）多媒体数据库。

多媒体数据库主要用于存储与多媒体相关的数据，如声音、图像和视频等数据。多媒体数据最大的特点是数据连续、数据量较大、需要的存储空间较大。

（2）移动数据库。

移动数据库作为分布式数据库的延伸和扩展，拥有分布式数据库的诸多优点和独特的特性。移动数据库是能够支持移动式计算环境的数据库，与传统的数据库相比，移动数据库具有移动性、位置相关性、频繁的断接性、网络通信的非对称性等特征。移动数据库对移动计算环境中许多重要应用，如移动办公系统、未来数字战场的移动指挥、公共信息（天气预报、旅游交通信息、股市行情）发布等，都将具有重要的意义和实用价值，拥有广泛的应用前景。

（3）空间数据库。

空间数据库主要包括地理信息数据库和计算机辅助设计（CAD）数据库。其中，地理信息数据库一般存储与地图相关的信息数据，计算机辅助设计数据库一般存储设计信息的数据库，如机械、集成电路及电子设备设计图等。

（4）信息检索。

信息检索是指根据用户输入的信息，从数据库中查找相关的文档或信息，并把查找的信息反馈给用户。信息检索领域和数据库是同步发展的，它是一种典型的联机文档管理系统或者联机图书目录。

（5）分布式信息检索。

分布式信息检索是随着 Internet 的发展而产生的。它一般用于互联网及远距离计算机网络系统中。特别是随着电子商务的发展，这类数据库的发展迅猛。许多网络用户（如个人、公司或企业等）在自己的计算机中存储信息，同时希望通过网络使用发送电子邮件、文件传输、远程登录方式和别人共享这些信息，分布式信息检索满足了这一要求。

（6）专家决策系统。

专家决策系统也是数据库应用的一部分。由于越来越多的数据可以联机获取，特别是企业通过这些数据可以对企业的发展做出更好的决策，以使企业更好地运行。由于人工智能的发展，使得专家决策系统的应用更加广泛。

3.2.3　数据库安全的重要性

随着云计算、大数据、移动互联网、物联网技术的飞速发展，科技在改变着人们生活的同时也带来了数据安全的隐患，小到私人信息和公司的商业信息，大到国家的机要安全信息，都有可能在网上被窃取、篡改和破坏。数据安全作为数据库的重要特性之一，数据库的安全稳定运行也直接决定着业务系统能否正常使用。平台的数据库中往往储存着极其重要和敏感的信息，这些信息一旦被篡改或者泄露，轻则造成企业经济损失，重则影响企业形象，甚至行业和社会安全。可见，数据库安全至关重要，对数据库的保护是一项必需的、关键的、重要的工作任务。

3.2.4　国内数据库厂商的发展机遇

曾经我国数据库市场被国外厂商的产品主导，主要包括 Oracle、IBM、微软、SAP等，且国外品牌数据库的市场份额一直在75%以上。近年来，随着大数据、云计算、智慧生活等技术的迅猛发展，对数据库产品的个性需求和技术创新的要求不断加强，国内传统数据库厂商抓住这一契机，迅速成长。国内数据库企业着重在可靠性、易用性等方面下功夫并不断拓宽业务空间，结合新技术革新推动数据库云化、服务化。国内的数据库产品主要以关系型为主，非关系型数据库以键值型数据库为主。

以达梦数据库在武汉住房公积金管理中心（简称"武汉公积金"）的核心项目"武汉公积金核心 2.0 系统"为例。截至 2020 年年底，武汉公积金实缴单位 35772 家，实缴职工 238.69 万人，业务规模处于全国前列。武汉公积金承担着住房公积金的归集、贷款、提取、核算、保值等任务，业务与银行类似，具有涉及资金数量大，服务受众群体广，并发交易量大等特点。

"武汉公积金核心 2.0 系统"为向广大缴存职工提供优质的服务体验，该系统除了承担原有系统的所有功能，还将网上业务办事大厅、12329 呼叫中心、短信平台、自助终端、身份认证中心等线上服务渠道进行汇聚和统一，对接公安、民政、房产、税务、社保等外部端口，增加资料审核的便捷性与准确性。武汉公积金核心 2.0 系统功能架构图如图 3-8 所示。

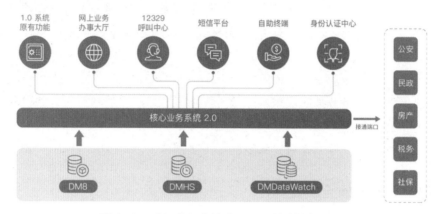

图 3-8　武汉公积金核心 2.0 系统功能架构图

自提出"大数据"概念以来，"大数据经济"的影响力愈发显著。谷歌、Facebook 相继超过微软，曾经的"软件为王"让位于"数据为王"。据预测，2026 年全球大数据储量将达到 223ZB。海量数据的爆发必将驱动整个全球数据库行业市场的稳步增长，2026 年全球数据库行业市场规模有望突破 2000 亿美元。

可以预见，大数据时代将引发大量应用创新。例如，城市大数据应用将支撑智慧城市建设，还有智慧教育、智慧医疗、智慧交通、智慧金融等。各级政府利用大数据对经济和社会统计、预测和规划，可以提升洞察能力、决策能力和国际竞争力，这将助力许多行业创新转型，随之必将催生大量的个性化需求。国内数据库软件产品设计人员与本土企业用户具有相同的文化、习惯，对于企业用户的个性化需求更能感同身受，基于此很容易挖掘出用户的深层次需求，开发出针对性的产品。这将为国内数据库厂商带来巨大的机遇。

3.2.5　国产数据库的发展情况

1. 国内数据库的发展

数据库技术的发展历程可追溯至 20 世纪中叶。起初，数据以文件形式分散存储，管理不便且易出错。随着企业数据量的增长，层次模型和网状模型数据库应运而生，它们为数据提供了结构化的存储方式。随着企业规模的扩大，关系型数据库逐渐占据主导地位，其以表格形式存储数据，利用 SQL 等查询语言进行数据检索和管理，为企业提供了高效、可靠的数据管理方案。近年来，随着互联网的高速发展，非关系型数据库崭露头角。它以键值对、文档或列存储形式存储数据，具备高性能、高可用性和高并发访问等特点，尤其适用于海量数据的互联网应用。数据库技术的发展历程见证了从文件管理到关系型、非关系型的演变，不断满足着日益增长的数据处理需求。

国内数据库的发展相对较晚，直到 1978 年，国内数据库学科的"开山鼻祖"萨师煊教授将数据库科学的理论与技术系统性地引进，并率先在中国人民大学开设"数据库系统概论"课程，国内从此开始系统性地接触数据库概念。随后中国数据库市场进入长足发展的阶段，产生了一大批优秀的数据库厂商。随着信息化产业的快速全面推进，国内数据库厂商有望迎来新一轮政务、行业市场新机遇，在行业市场将取得历史性突破，具有典型代表的有武汉达梦、人大金仓、优炫数据库、南大通用等厂商。

2. 国内数据库的行业现状

国内数据库市场容量大，处于百家争鸣的阶段。在海量非机构数据分析需求驱动下，非关系型数据库成长较快。现阶段国内市场上国际巨头仍然占据最大市场份额，但随着云趋势和国内厂商日渐成熟，国内厂商的成长空间逐步扩大。2020—2022 年我国数据库市场预计将呈高增长态势，由多方面因素促成，主要有四个方面的原因。

（1）政策利好，国家大力鼓励国内数据库厂商的发展。

（2）需求拉动，国内数字化建设带动需求的爆发增长。

（3）供给端多元厂商发力，传统、初创和跨界厂商厚积薄发，产品和技术经历了工程实践的打磨走向成熟。

（4）国内企业对基础软件的付费意愿和 IT 支出逐年提升，有利于市场的长期发展。

3. 未来发展趋势

大数据时代，数据量不断爆炸式增长，数据存储结构也越来越灵活多样，日益变革的新兴业务需求催生数据库及应用系统的存在形式愈发丰富，这些变化均对数据库的各类能力不断提出挑战，推动数据库技术的不断演进，数据库的发展主要有以下几种趋势。

（1）统一框架支撑事务处理和业务分析的混合处理。

随着互联网的发展，企业的业务数据量不断增多，单机数据库的容量限制制约了其在海量数据场景下的使用。因此在实际应用中，为了面对各种需求，联机事务处理（On-Line Transaction Processing，OLTP）、联机分析事务处理（On-Line Analytical Processing，OLAP）在技术上分道扬镳，企业需要维护不同的数据库以便支持两类不同的任务，管理和维护成本高。在此背景下，由 Gartner 提出的混合事务/分析处理（Hybrid Transactional/Analytical Processing，HTAP）成为希望。

基于创新的计算存储框架，HTAP 数据库能够在一份数据上同时支撑业务系统运行和 OLAP 场景，避免在传统架构中，在线与离线数据库之间大量的数据交互。此外，HTAP 基于分布式架构，支持弹性扩容，可按需扩展吞吐或存储，轻松应对高并发、海量数据场景。

（2）人工智能与数据库技术相结合。

人工智能与数据库技术是计算机科学的两大重要领域,越来越多的研究成果表明,这两种技术的相互渗透将会给计算机应用带来更广阔的前景,将传统数据库组件用机器学习算法替代,能实现更高的查询和存储效率,自动化处理各种任务。尤其是大数据和算法、算力的融合,正在促进人工智能行业的发展,并带动产业数字化、智能化、合规化。未来80%以上的日常运维工作有望借助人工智能完成。

（3）与云基础设施深度结合。

云与数据库的融合,具有节约成本、快速部署、高扩展性、高可用性、快速迭代、易运维性和资源隔离等特点。云原生数据库能够随时随地从多前端访问,提供云服务的计算节点,并且能够灵活地进行资源调配。云原生在数据库上的应用并不会改变云和数据库本身的状态,但它的应用让云变成了更理想的云,也让数据库上云有了货真价实的意义。

（4）多模存储,轻松实现数据库"一库多用"。

在人们的日常应用中当数据量小的时候,一个关系数据库基本能解所有问题,但是当数据量大的时候,很多场景需要混用结构化数据、半结构化数据、非结构化数据,如监控、IoT、画像、社交、海量的GIS地理信息等,每一个应用都需要开发数据中间层来对接多种数据库去处理模型转换、数据分发、数据同步、查询合并等一系列问题。为了实现业务数据的统一管理和数据融合,新型数据库需要具备多模式数据存储和管理能力。数据库多模（Multi-Model）技术在此背景下应运而生,人们可以在同一个数据库中,同时满足应用程序对于结构化、半结构化、非结构化数据的统一管理需求,避免大量传输开销。未来在云化架构下,多类型数据管理是一种新趋势,也是简化运维、节省开发成本的一个新选择。

（5）区块链数据库辅助数据存证溯源。

区块链是一个去中心化的分布式透明账本,其信息具有可以追溯,不可篡改等特征。区块链数据库能够长期留存有效记录,会记录交易的时序,所有历史操作均不可更改并能追溯,可以做到公开透明,也可以通过数据加密的方式做到保密。利用区块链来设计数据库,需要找到独特的场景,如金融领域、公安行业等应用场景。

（6）隐私计算技术助力安全能力提升。

在数字经济发展的大背景下,数据安全及隐私保护有着丰富的内涵和广泛的外延,如何打破"数据孤岛"壁垒,实现数据价值挖掘和隐私保护的正和博弈,隐私保护计算为此提供了行之有效的解决之道。隐私保护计算并不是一种单一的技术,它是一套包含人工智能、密码学、数据科学等众多领域交叉融合的跨学科技术体系。在满足数据隐私安全的基础上,真正做到"数据可用不可见"。此类数据库将围绕算法安全性和性能损耗等问题,逐步突破,进而提供覆盖数据全生命周期的安全保护机制。

3.2.6 与数据库相关的就业岗位

与数据库相关的职业岗位主要有以下几种。

（1）数据库管理员。

数据库管理员主要负责数据库的安装、配置、调优、备份和恢复、监控、自动化等，协助应用开发，有些职位还要求优化 SQL 等。

（2）数据仓库专家。

数据仓库专家主要负责处理超大规模的数据，历史数据的存储、管理和使用。除掌握数据库知识外，还需要掌握一些 BI 和 DW 的相关知识。

（3）性能优化工程师。

性能优化工程师主要负责数据库的性能调试和优化，为用户解决性能瓶颈方面的问题，为数据库产品和关键应用提供性能优化方面的技术支持，要求对多种数据库非常熟悉。

（4）高级数据库管理员。

高级数据库管理员在普通数据库管理员的要求基础上，还需要熟悉应用系统的数据，熟悉性能优化，熟悉存储技术，熟悉数据库的高可用性技术，熟悉各种数据复制技术、容灾技术等。

（5）数据库应用开发工程师。

数据库应用开发工程师除了掌握基本的 SQL 方面的知识，还要掌握一些开发流程、软件工程、各种框架和开发工具等。

（6）数据建模专家。

数据建模专家除了掌握基本的 SQL 方面的知识，要熟悉数据库原理、数据建模，负责将用户对数据的需求转化为数据库物理设计和物理设计。

（7）商业智能专家。

商业智能专家主要负责从商业应用、最终用户的角度去从数据中获得有用的信息，涉及联机分析处理，需要使用 SSRS、Cognos、Crystal Report 等报表工具，或者其他一些数据挖掘，统计方面的软件工具。

（8）ETL 开发工程师。

ETL 开发工程师需要使用 ETL 工具或者自己编写程序，在不同的数据源之间对数据进行导入、导出、转换，所接触的数据库一般数据量非常大，要求进行的数据转换也比较复杂，与数据仓库和商业智能的关系比较密切。

（9）数据架构师。

数据架构师主要负责从全局上制定数据库在逻辑这一层的大方向，也包括数据可用性、扩展性等长期性战略，协调数据库的应用开发、建模、DBA 之间的工作。

3.3 中间件

场景 ● ● ●

　　随着云计算、大数据、物联网等数字化技术普及，以及政务大数据、智慧城市、企业上云等行业数字化热点项目的推进，中间件作为网络时代的信息化基础设施，在我国信息化与工业化深度融合、传统产业改造与现代服务业发展、社会管理提升和民生服务工程等方面发挥着不可替代的基础支撑作用。随着大量新的市场需求的出现，中间件市场也保持了稳定的增长，国内中间件厂商迎来了新的机遇。

　　如今，国内中间件的发展态势如火如荼，国内中间件厂商更加贴近国内信息化的现实需求，已经积累了丰富的领域问题和中间件应用经验，国内厂商生产的中间件产品也可以在实用性和易用性方面更加贴近本地化市场的需求，在技术支持和服务方面也具有相当的优势。

想一想 ● ● ●

1. 什么是中间件？中间件起什么作用？
2. 你所知道的中间件有哪些？

3.3.1 中间件的概念

　　什么是中间件？中间件是基础软件的一类，属于复用性极高的软件。中间件位于操作系统之上、应用软件之下，处于中间位置，也因此而得名。中间件是一种独立的系统软件，也可以是公共的服务，它屏蔽了底层操作系统的复杂性，解决了分布式环境下数据传输、数据访问、应用调度、系统构建、系统集成和流程管理等问题，可以在不同的技术之间共享资源，或者在不同的服务间直接传递信息。为有效开发、部署和运行应用系统提供交互代理及带共性的基础服务，使程序开发人员面对一个简单而统一的开发环境，减少程序设计的复杂性，将注意力集中在自己的业务上，不必再为程序在不同系统软件上的移植而重复工作，从而大大减少了技术上的负担。

　　（1）消息队列中间件，在两个服务之间进行异步的消息传递。

　　（2）数据缓存中间件，缓存整合系统的热点数据，提高程序的响应速度。

（3）Nginx 中间件，提供负载均衡、服务代理等功能。

中间件在整体系统中的位置如图 3-9 所示。

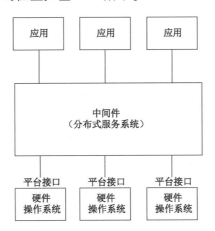

图 3-9 中间件在整体系统中的位置

中间件的出现解决了开发者面临的数据离散、操作困难、系统匹配程度低，以及需要开发多种应用程序来达到运营等问题，在极大程度上减轻了开发者的负担，既提升了开发效率，又提升了信息传输效率，使得网络的运行更加高效。

中间件到底是用来做什么的呢？举个例子：小李需要从武汉给纽约邮寄一个包裹，但是小李并不需要了解这个包裹要走什么路线、使用什么交通工具、由谁去送这个包裹、怎么过海关，他只需要填写收件的地址、姓名和电话即可。那么这个包裹怎么送到收件人手里，就是快递公司要去解决的问题了。此时，快递公司就类似于"中间件"，作用于寄件人和收件人之间，而寄件人和收件人是无须知道快递公司是如何进行运输的。

3.3.2 中间件的重要性及发展机遇

随着计算机技术的迅速发展，IT 厂商出于商业和技术利益的考虑，各自产品之间形成了差异。计算机用户由于历史原因和为了降低风险的考虑，无法避免多厂商产品并存的局面。如何屏蔽不同厂商产品之间的差异，如何减少应用软件开发与工作的复杂性，成为人们不能不面对的现实问题。互联网的出现，使计算机的应用范围更为广阔，许多应用程序需在网络环境的异构平台上运行。在这种分布异构环境中，通常存在多种软/硬件系统平台（如不同的操作系统、数据库、语言编译器等）及多种风格各异的用户界面。如何把这些系统集成起来并开发为新的应用，是一个非常现实而困难的问题。

计算机网络架构经历了从单机到多机再到分布式系统的演变，中间件最初产生于多机远程调用的需求，主要是为了屏蔽底层通信异构性，进而实现稳定、可靠和高并发的服务器应用。一方面，从软件应用进入多机协同的 C/S 架构时期开始，特别是进入 B/S 时期后，部署在不同机器上的应用产生了交互的需求，包括网络通信、数据处理等在内的信息技术底层功能的开发变得不可或缺。另一方面，从 C/S 架构开始，操作系统、开发语言和数据库也在不断演进；如何处理各种异构技术也成为常见的需求。

在中间件产生以前，应用软件直接在操作系统、网络协议和数据库层面进行开发，使得开发者不得不面临许多很棘手的问题。

（1）如何处理复杂多变的网络环境，并实现可靠的数据传送？

（2）一个应用系统可能跨越多种平台（如 Windows、Linux、UNIX 等），如何屏蔽这些平台之间的差异？

（3）一项业务可能会涉及多个数据库（如达梦、MongoDB、Redis 等），如何保证数据的一致性和完整性？

这些问题虽然与业务没有直接关系，但又是必须解决的问题，这些问题将会耗费开发者大量的时间和精力。于是，有人提出能不能将应用软件所要面临的共性问题进行提炼、抽象，形成一个可复用的部分，供成千上万的应用软件重复使用。于是，中间件应运而生，一些企业和组织专门研发出解决这些问题的软件，试图通过屏蔽各种复杂的技术细节和产品差异使技术问题简单化。

长期以来，中间件是一个专业化非常强的细分产业。因为中间件的技术门槛比较高，厂商也不多，无论是国外还是国内都是如此。目前数字经济已经成为我国经济转型升级的引擎，伴随着应用软件的极大繁荣和分布式架构的流行，中间件的发展被长期看好。大多数中间件厂商，早期以电信和党政领域作为切入点。现在，金融领域正成为中间件厂商新的赛道，此外，交通、能源、电力、教育、医疗等也是中间件厂商一直关注的焦点。在 5G 时代到来，云化加速和大数据技术快速发展的大背景下，新业务场景将带来国产中间件的技术升级需求，国产化中间件厂商市场份额有望进一步提升。

3.3.3 中间件的发展及分类

1. 中间件的发展历史及趋势

1968 年，IBM 发布 CICS 交易事务控制系统，使得应用软件与系统服务分离，是中间件技术萌芽的标志。1990 年，ATT 公司 BELL 实验室诞生了 Tuxedo 系统，Tuxedo 解决了分布式交易事务控制问题，是严格意义上的中间件的诞生标志，也是最早的交易中间件。1994 年，IBM 发布消息队列服务 MQ 系列产品，解决分布式系统异步、可靠、传输的通信服务问题，消息中间件诞生。1995 年，SUN 公司推出 Java 语言，Java 提供了跨平台的通用的网络应用服务，成为现在中间件的核心技术。1999 年，J2EE 成为应用服务平台的事实标准，应用服务器中间件应运而生。应用中间件是中间件技术的集大成者，也成为中间件的核心产品。面向服务思想的 SOA 架构的出现，更低的耦合度更适应于分布式架构的系统，使得中间件进入了 SOA 时代。

随着云计算、微服务等技术的发展，中间件进入云平台阶段。中间件产品成为 PaaS

层的组件，实现了跨多个云、云与传统应用程序之间及公共云和私有云之间的无缝集成，支持应用程序在云端的开发、部署和运行等。中间件正在呈现出服务化、自治化、业务化、一体化等诸多新的发展趋势。

2. 中间件的技术分类

中间件可以分为基础中间件、集成中间件和行业领域应用平台，见表 3-2。

表 3-2 中间件的分类及应用

分类	应用
基础中间件	包括应用服务器、消息中间件、交易中间件等，主要用于节点之间、应用与服务之间的互联互通、交易请求的高效处理、Web 应用的构件等
集成中间件	主要用于异构系统（如不同的数据库系统、业务应用系统等）之间进行资源整合，以实现互联互通、数据共享、业务流程协调统一等功能，并构建灵活可扩展的分布式企业应用
行业领域应用平台中间件	在前两大中间件的基础之上，为满足特定需求、敏捷开发等而产生的中间件，包括文件交换管理、数据共享交换等中间件、物联网平台中间件等

（1）基础中间件。

基础中间件是构建分布式应用的基础，也是集成中间件和行业领域应用平台的基础，包括应用服务器中间件、消息中间件和交易中间件等。

应用服务器中间件位于客户浏览器和数据库之间，为应用程序提供业务逻辑代码。应用服务器通过组件的应用程序接口，将商业应用逻辑面向客户端程序，同时为应用提供运行平台和系统服务，并管理数据库的范围。对于高端需求，应用服务器具有高可用性监视、集群化、负载平衡、集成冗余和高性能分布式应用服务，以及对复杂的数据库访问的支持等功能。目前，市场上应用服务器平台中有 Oracle 的 WebLogic Server，IBM 的 WebSphere，中创的 InforSuite AS、东方通的 TongWeb、金蝶的 Apusic 等，以及开源的 Apache Tomcat 和 JBoss 等。

消息队列是在消息传输过程中保存消息的容器，消息中间件即为消息队列的承载形式。消息是两台计算机之间传送的数据单位，消息队列在将消息从源中继到目标时充当"中间人"，主要目的是提供路由并保证消息的传递；如果发送消息时接收者不可用，消息队列则会保留消息，直到成功传递，主要解决传统结构耦合性问题、系统异步性问题及缓解大数据量并发的问题等。消息队列有较多的型号，较为常用的为中创的 MQ、东方通的 MQActiveMQ、Rabbit MQ、RocketMQ 和 Kafka。由于消息队列使用消息将应用程序连接起来，这些消息通过像 Rabbit MQ 的消息代理服务器在应用程序之间路由。

交易中间件是专门针对联机业务处理系统而设计的，是所有中间件类型中理论较为成熟、功能和性能界定比较清晰的中间件产品。在联机业务处理系统中，需处理大量并发进程，涉及操作系统、文件系统、数据通信、数据库管理、应用软件等，通过交易中间件，可降低联机业务处理系统的开发难度，提高系统运行的安全稳定性。

（2）集成中间件。

集成中间件包括企业服务总线中间件和工作流中间件等。

企业服务总线中间件是面向服务架构、采用总线方式支持异构环境中的服务、消息及事件交互的中间件，是一个可持续拓展、松耦合、可管理的 SOA 系统，使用该系统可以帮助企业级用户以服务的方式整合多个异构系统，实现对各种应用的集成。该中间件提供多种适配器，让各种异构系统方便地接入总线，由总线负责协调各应用系统间的服务调用工作。

工作流中间件为工作流自动化和流程再造提供基础平台，包括业务流程建模、设计、仿真、运行、监管、分析等功能，实现业务流程自动化、规范化，建立了第三方工作流服务集中监管机制。

（3）行业领域应用平台中间件。

行业领域应用平台中间件是只针对某个行业的应用而开发的中间件，与客户应用非常贴近，通用性一般。

数据交换平台中间件是在分布式应用系统之间进行数据交换共享和业务协同的数据交换系统，系统可以对跨部门、跨层级、跨地域大规模分布的数据实现交换管理，适用于政务、企业等领域进行信息资源交换共享的应用需要，能够快速实现数据集成。系统一般适配多种标准数据源接入，具有数据路由和事务处理管理能力。

物联网中间件向下连接工业物联网硬件，向上对接业务软件，提供标准数据接口，将硬件数据信息集成并上传给应用软件，能够屏蔽硬件、操作系统的差异，实现不同设备之间的交互，并进行数据的预处理，是系统集成的利器。典型的物联网中间件有 RFID 中间件、传感网网关中间件、传感网节点中间件、传感网安全中间件，还有其他嵌入式中间件等。

3.3.4 国内外主流中间件的产品及特点

1. 国内外主流中间件产品

国内外主流中间件产品见表 3-3。

表 3-3　国内外主流中间件产品

产品类型	产品名称	国外商用产品	国内商用产品	开源产品
基础中间件	应用服务器中间件	Oracle WebLogic	中创 InforSuite AS、东方通 Tong Web、金蝶 Apusic、宝兰德 BES	Tomcat、JBoss

续表

产品类型	产品名称	国外商用产品	国内商用产品	开源产品
基础中间件	消息中间件	IBM WebSphere MQ、Oracle Weblogic JMS	中创 InforSuite MQ、东方通 TongLINK/Q、宝兰德 BES MQ、普元 Primeton MQ、金蝶 Apusic MQ	Kafka、Rocket MQ、Rabbit MQ、Pulsar、Active MQ、Artemis、HornetQ、ZeroMQ、Qpid
	交易中间件	BEA、TUXEDO、IBM、TXSeriers	东方通 TongEASY	——
集成中间件	企业服务总线中间件	Oracle Service Bus、IBM WebSphere ESB	中创 InforSuite ESB、普元 Primeton ESB、金蝶 Apusic ESB、东方通 Tong ESB	Talend Open、Studio for ESB、Mule ESB
	工作流中间件	IBM BPM on Cloud	中创 InforSuite Flow、普元 Primeton BPS、炎黄盈动 AWS BPMS、斯歌 K2 Platform、易正 FlowPortal	Activiti、Flowable、Camunda
行业领域应用平台中间件	数据交换中间件	Informatica	中创 ETL 工具、普元 Primeton DI、东方通 Tong DXP、金蝶 Apusic ADXP	Kettle
	物联网中间件	Active X、COM、DCOM	中创 infoGuard UMP	OPC、OSGi

2. 国内外中间件产品的对比分析

国外中间件产品起步较早，发展比国内快，目前在行业中处于领先地位，主导了相关的国际标准规范的制定，引领核心技术的发展，产品成熟，应用规模较大。很多国外厂商，具备从硬件、中间件、数据库等的生产能力，自身产品的适配更为深入。不过随着信息化产业的发展，国内中间件厂商得到了更多的市场机会，产品性能持续提升，逐步达到国外产品全品类规模的能力。

国内外中间件产品对比见表3-4。

表3-4　国内外中间件产品对比

分析方面	国外水平	国内现状
标准规范	主导并引领国际标准制定，产品迅速适配国际标准，国外主导的大量开源项目成为标准	在国际标准参与力度较为薄弱。产品标准化支撑能力一般滞后国外厂商 1 年以上，走向成熟一般滞后 2 年以上
核心技术	引领核心技术发展；经过多年重点行业领域应用，核心技术成熟可靠；面向微服务、容器化架构有市场提前量及快速反应能力	与国外产品已无差距，但相关性能及非功能特性规模化，核心业务系统应用验证不足

续表

分析方面	国外水平	国内现状
产业生态	企业具备行业领导力，具有良好的市场、厂商等产业生态	受企业规模小、市场应用面小等因素影响，企业本身的产业生态比较薄弱。另外，因获取的便利性、开发支撑成熟度及与开源资源的融合度等因素，应用的开发往往基于国外或开源中间件产品，很少采用国内产品

目前国内中间件厂商主要有山东中创软件商用中间件股份有限公司（简称"中创中间件"）、北京东方通科技股份有限公司（简称"东方通"）、金蝶天燕云计算股份有限公司（简称"金蝶天燕"）等。受益于云计算、大数据、人工智能、数字经济相关领域的快速发展需求驱动，中间件的需求随着行业信息化进一步提升也相应增大。预计随着新一代信息技术的进一步发展，以及传统行业的在数字经济的催生下的升级转型，中间件市场规模将保持稳定增长。

随着中间件在国内的需求增大，一些国内厂商逐渐凸显，在金融、电信、交通、能源、税务、科教等关键行业领域都有比较突出的亮点表现。例如，中创中间件在南方电网总部及十几个子公司成功应用，支撑十几个核心业务系统，自 2015 年上线以来持续稳定高效运行。在金税三期工程中，中创中间件支撑全国 36 个省市 71 个国地税单位 5 大项目的 17 个流程类应用，满足近 80 万税务机关内部用户的日常办公需要，支持过亿户的纳税人及外部用户办理流程类涉税事项。未来在中间件市场中的国内厂商的产品发展趋势会是一个逐步发展，稳中求进的态势。

3.3.5 与中间件相关的就业岗位

与中间件相关的职业岗位主要有以下几类。

（1）中间件运维工程师。

中间件运维工程师主要负责中间件的安装部署、集成、运维、优化管理等工作。需要熟悉 Weblogic、Tomcat、Nginx、MQ、NoSQL、ZooKeeper、Redis、中创、东方通、金蝶天燕等常见中间件产品中的一种或几种；熟悉 jvm、消息、缓存、分布式架构等技术。

（2）中间件开发工程师。

中间件开发工程师主要负责相关中间件研发工作。需要熟悉各类框架的源码和原理，以及相应的技术迁移和复用；熟悉分布式系统的设计与应用；熟悉分布式存储、协议、缓存、消息等机制；能对分布式常用技术进行合理应用。

（3）中间件架构师。

中间件架构师主要负责规划中间件的发展方向及中间件的设计和研发工作，具备独立规划一个或多个中间件产品的能力。

本章小结

　　通过学习本章内容，学生可以了解基础软件（操作系统、数据库及中间件）的相关概念，国内外基础软件厂商的发展历史及发展机遇等内容，且本章每节最后都介绍了对应的职业岗位。

　　通过对基础软件概念和相应职业岗位需求的学习，能让学生了解应该掌握的必备岗位知识。

思考题

1. 从用户、开发者、系统的角度，分析国内厂商的开发操作系统的发展状况。
2. 人们身边还有什么业务是可以利用数据库来代替手工处理的？
3. 简述中间件的类型，并说一说你知道的国内中间件产品的厂商。

第 **4** 章 ·
应用软件

　　全球信息化的兴起，带动了软件行业的快速发展和行业规模的持续增长。应用软件是软件产业的重要组成部分，是实现中国软件产业做大、做强的突破所在。随着信息化产业建设的深入推进，应用软件迎来了新的发展机遇。

4.1 认识应用软件

场景 ●●●

> 小李目前在一家金融公司上班，因工作原因需要经常出差，所以随时随地办公成为他工作的一种常态。小李在随身携带的计算机中安装了各类应用软件，如永中Office、WPS、钉钉、OA等办公软件。因工作环境的变化，小李有时需要用计算机上办公，有时需要用手机上办公，有时还需多人协同办公，永中Office极大地满足了他的办公诉求。该办公软件实现了文字、表格、简报三大功能的应用、文件和数据集成。文档可以轻松跨系统、跨屏、跨端、跨设备，实现互联互通，帮助小李随时随地协同办公。

想一想 ●●●

永中Office、WPS、钉钉、OA属于应用软件，充分满足了用户的办公需求。

（1）这些应用软件有哪些特点？

（2）主要应用在哪些场景？

（3）未来应用软件的发展趋势是怎样的？

4.1.1 应用软件的概念

1. 概念

与系统软件不同，应用软件是专门为某种需求而开发的软件，根据用户需求提供不同功能模块的软件。它建立在基础软件之上，直接面向用户层的软件部分，包括办公软件、业务软件、政务软件、社交软件等，具体还可以细分为浏览器软件、邮件软件等常用软件。应用软件分类见表4-1。

表4-1 应用软件分类

办公软件	政务软件	业务软件	社交软件	……
协同办公软件	流式/版式软件	图形图像软件	视频会议软件	……
邮件软件	电子签章软件	音视频软件	聊天软件	……
浏览器软件	档案管理软件	工程制造软件	……	……

2. 重要性

应用软件是推动各行业数字化转型的核心驱动力，对于提升企业运营效率、增强国产信息化产业竞争力至关重要。发展应用软件有助于我国在全球软件产业中占据更有利的位置，为国家的长远发展奠定坚实基础。此外，应用软件还是新业态、新模式创新的主要土壤，能够催生更多的经济增长点，能够为国家创造大量就业机会，推动经济持续健康发展。发展应用软件，我国可以更好地掌握信息技术发展的主动权，保障国家信息安全。我国在应用软件领域拥有广阔的市场和庞大的用户群体，这为应用软件的创新提供了丰富的土壤。在市场需求的推动下，软件产业走上高质量发展的新征程。随着信息化产业的发展，应用软件作为软件产业的重要组成部分，其发展也迎来了新的时代机遇。

4.1.2 我国应用软件的发展现状

随着我国经济不断朝着高质量发展，不断提倡产业创新发展，应用软件行业也进入了高质量发展阶段。整体来说，国内应用软件产业发展较为成熟，尤其是在信息化领域，相对拥有较为丰富的产品供给。基于国内软件厂商多年的技术积累和业务创新，部分软件产品不仅率先达到了好用阶段，而且还朝着个性化领域快速发展，适配不同业务与行业。现阶段，通用性应用软件已经基本完成与主流厂商的适配，个性化应用软件的适配也在稳步进行中。从目前来看，适配将是应用软件厂商长期持续的一项工作。

国内的应用软件存在三大亟须解决的问题。一是软件生态缺失，对于偏行业性质的应用软件，现阶段缺乏相应的生态，如工程制图、音视频编辑等软件，缺乏相应的替代产品；二是软件性能仍需提高，在应用软件的替换过程中，功能缺失、稳定性弱、兼容性差等问题突出，软件厂商还需继续提升使用感，整体行业还处于使软件从可用到好用过渡的阶段；三是缺少行业解决方案，国内应用软件的个性化程度仍待加强，并且还未形成针对行业的成熟解决方案。

4.1.3 应用软件的发展机遇

当前我国应用软件发展主要面临着市场、用户的个性化需求，以及新技术的发展等机遇。

机遇之一：市场需求。

随着数字经济的蓬勃发展，各行各业都在向经济数字化转型，催生了大量的信息化需求，国内的应用软件厂商作为信息化服务的提供商，面临着巨大的机遇。

机遇之二：用户的个性化需求。

用户需求不仅仅指需求量大，还指用户需求的多样化。在大量的个性化需求面前，国内外应用软件厂商采用的通用模式正面临着严峻的考验。在个性化的需求面前，通用产品可能需要进行二次开发才能继续使用，而这样的二次开发往往费用高昂，有些软件即使是二次开发也不一定能满足用户需求。

国内的应用软件产品设计人员与用户具有相同的文化背景、风俗习惯，对于企业用户的个性化需求更能感同身受，基于此很容易挖掘出用户的深层次需求，开发出针对性的产品。

机遇之三：新技术驱动。

在云计算、人工智能、大数据等新一代信息技术的驱动之下，国内应用软件厂商正在积极向新技术靠拢，并在某些领域占据着技术优势。

4.1.4 国内应用软件的发展趋势

我国应用软件的发展趋势主要表现在以下三点。第一点是众多厂商进场，竞争愈加激烈。从行业的角度来看，未来将有更多应用软件厂商进入国内市场，整体竞争会更加激烈。一些在前期未入场的企业，尤其是小企业，因为前期各类适配的投入成本较大且回报不明确，所以多数企业处于观望态度。随着信息化产业的逐步发展，吸引着很多的企业纷纷进场。第二点是企业的地方化、本地化落地，大部分应用软件厂商会采取相应的地方化措施，即在各地建立子公司、分公司等，通过大规模扩招专业的运维团队、销售团队等进行本地化的产业落地，争取更多的项目和后续服务。第三点是企业家的收购与合并，在奠定了一定市场基础之后，一些应用软件企业会收购与合并下游的厂商，在增加盈利点的同时，扩充企业的产品体系。例如，通用型的应用软件公司会吸纳个性化的公司来拓宽功能边界。

4.2 应用软件的分类

应用软件主要分为关键基础软件、大型工业软件、行业应用软件、新型平台软件、嵌入式软件等五大类。

4.2.1 关键基础软件

关键基础软件是指基础性支撑软件，主要包括操作系统、数据库、中间件、办公软件等，此外还涉及信息安全软件。在本章节中，重点讲述办公软件中的流版软件。

　　在信息化的时代背景下，以电子文档为核心的电子化办公是企业日常办公的核心场景。长期以来，以流式软件、版式软件为代表的基础功能性软件经历了充分的发展，产品形态趋于成熟。

　　流式软件是指以 Word、PPT 为代表的一种编辑工具，用户可以方便地对文档进行操作，可编辑性强。流式软件典型的代表是 Word，其内容是流动的，在文档内容中间位置输入新内容将导致后面的内容"流"到下一行或下一页去，这种文档被人们称为流式文档。流式文档在不同的软/硬件环境中，显示效果是会发生变化的，比如同一个 Word 文档，在不同版本的 Office 软件中或不同分辨率的计算机中，显示效果都是有所不同的，也就是"跑版"现象。

　　版式软件是编辑和阅读版式文档的办公软件，与流式软件共同组成办公软件的"双子星"。版式文档是计算机时代的"数字纸张"，是指区别于流式文档，在跨平台、多系统下维持固定模式的办公文档。其呈现的效果与软/硬件平台独立，在各种设备上阅读、打印或印刷时具有较强一致性。版式文档在阅读性、安全性、交互性等方面具有显著优势，同时能兼容 Windows、MacOS X 和 Linux 等计算机操作系统，以及 iOS、Android 等智能手机平台，具有结构稳定性与内容安全性的电子文档跨平台分发能力。

　　流式文档和版式文档的区别见表 4–2。流式文档和版式文档的特点主要表现在以下三点：一是流式软件的优势在于其是所见即所得的编辑文档，版式软件的优势在于原版显示、打印、分享文档内容；二是流式软件是编辑工具，版式软件是呈现工具；三是流式软件编辑的结果可以固化为版式文档，如通过 Office 的"另存为 PDF"功能或 WPS 中的"另存为 OFD"功能，可从流式文档转为版式文档。

表 4-2　流式文档和版式文档的区别

分类	文档格式特性	编辑性	安全性
流式文档	无结构，用户可以方便地对其进行操作	较强	较弱
版式文档	版面呈现效果固定，在各种设备中呈现效果一致	较弱	较强

　　随着办公需求的变化，用户从原来简单的"使用产品功能"逐步转变为现在的"使用产品服务"。随着办公软件功能的逐步强大，流式软件正在经历从桌面办公、网络办公、移动办公领域转变到云办公领域。目前，常用的流式软件主要有金山办公、永中软件、微软 Office 等。相关流式文档和版式文档的格式及介绍见表 4–3。

表 4-3　相关流式文档和版式文档的格式及介绍

文档类型	格式	主要应用领域	介绍
流式文档	OpenXML（Office 文档格式）	编辑、文档生成	Office 文档格式包括 doc、xls、ppt 等一系列电子文档格式。是目前市场上使用最为普遍的办公应用软件。目前 Office 格式主要用于文档编辑及电子文档保存
	TXT	编辑、文档生成	微软自带的文本编辑工具，只能进行纯文本编辑，目前主要用于计算机编程和网页设计

续表

文档类型	格式	主要应用领域	介绍
流式文档	ePub	终端文本呈现	属于一种可以"自动重新编排"内容的流式文档，与严格按照原件呈现的版式文档不同，使用 ePub 保存的文件便于在各种终端上进行阅读，是智能终端设备的重要阅读格式之一
	HTML	终端文本呈现	用于描述网络文档的一种计算机语言，几乎每个网页都是一个 HTML 文本，该格式可通过记事本及专业网页设计工具编辑
版式文档	PDF	文档生成、存储	将文字、字形、格式、颜色及独立于设备和分辨率的图形图像封装在一个文件里，打开效果与使用的软件、硬件或操作系统无关
	OFD	编辑、文档生成	版式文档国家标准格式，与 PDF 定位较为相似，使用上两者间差距不大，PDF 相对更为成熟，技术体系也更庞大
	CEBX	终端文本呈现	由方正基于混合 XML 开发的公共电子文档。一种独立于软件、硬件、操作系统、呈现/打印设备的文档格式规范。由于其独有的技术优势和国家自主研发的技术独立性，常被运用于政府公文系统
	DjVu	存储、文本呈现	一种高压缩图像存储格式。PDF 转换成 DjVu 格式后，文件大小可以被压缩至原有文件的 10%，并能完美呈现图像原有质感，但无法编辑，只能通过打印机或虚拟打印机生成

版式软件根据载体的不同可分为 PC 端、移动端及在线产品三大类。Adobe、万兴科技、福昕软件在 PC 端、移动端及在线产品领域均实现布局。Adobe 是典型的版式软件，所保存的 PDF 文档为版式文件。版式文件生成后，不可编辑和修改，只能在其上附加注释、印章等信息。所以，版式文档适用于电子公文、电子证照、电子凭据等。

国内的版式软件厂商主要有万兴科技、永中软件、福昕软件、数科网维、点聚信息、书生电子等。

（1）万兴科技。

万兴科技成立于 2003 年，深耕数字创意软件领域，推出了万兴喵影、StoryChic、万兴优转、万兴录演等视频创意软件；万兴图示、万兴脑图、墨刀等绘图创意软件；万兴 PDF、万兴 PDF 阅读器等文档创意软件；万兴恢复专家、万兴数据管家、万兴易修等实用工具软件。

（2）永中软件。

永中 OFD 版式办公软件是永中软件研发的一款跨平台的版式文档专业阅读和部分编辑处理的软件，适用于政府、企事业等单位对版式电子公文文件的阅读和部分编辑处理，也可用于数字出版业务、电子病历、电子证照、电子发票、电子票据等领域的电子文件处理。它可以在国内厂商开发的操作系统及其他系统上跨平台运行，致力于 OFD 的应用与推广，符合电子公文应用等领域的相关标准规范。

（3）福昕软件。

福昕软件的主营业务是在全球范围内向各行各业的机构及个人提供 PDF 电子文档软件产品及服务，自 2001 年成立以来，在 PDF 电子文档领域已经有近 20 年的技术经验积累和专业领域的研究，并且已经建立起一整套拥有完全自主知识产权的 PDF 技术体系。作为国际 PDF 标准组织核心成员、中国版式文档 OFD 标准制定成员，福昕软件也是中国为数不多的具有全球影响力和竞争力的国际软件知名品牌。

PDF 编辑器与阅读器产品是福昕软件的核心产品，包括 Foxit PhantomPDF、Foxit Reader 和 Foxit PDF Reader Mobile，这些产品均基于福昕软件自主研发的核心技术体系而形成，具有体积小、速度快、跨平台、互联 PDF、PDF 文档无障碍阅读等创新特色功能。其中，"互联 PDF"是福昕软件在 PDF 标准应用领域的一大创新，该技术可以将文件、人、系统和位置形成一个基于文档的超链接网络，增强文档安全管理能力和协作的方便性，满足了企业和政府组织对机密文档既需要严格保护、又需要方便流转的双重需求。

（4）数科网维。

北京数科网维技术有限责任公司（简称"数科网维"）专注于版式技术研发和信息化应用，是国内主要的专业版式文档处理产品和技术服务提供商。长期以来，数科网维的版式技术创新成果应用于电子公文、数字档案、电子证照、电子票据、数字出版等领域，获得了行业的广泛认可。

数科网维是 OFD 国家版式标准的主要编制单位之一，主打产品数科 OFD 阅读软件是一款基于自主 OFD 标准的版式阅读软件产品，支持 OFD/PDF 电子文件的阅读浏览、文档操作、图文注释等通用版式处理功能。根据公务办公特点，该软件提供原笔迹签批、电子印章、语义应用、修订标记等公务应用扩展功能，且提供 IE、Firefox、Chrome 等多种浏览器插件。

（5）点聚信息。

北京点聚信息技术有限公司（简称"点聚信息"），一直专注在无纸化应用软件领域，形成了从私有云到公有云、从互联网到移动互联网、从企业内部协同到外部协同的电子签章产品及解决方案。

点聚信息自主研发的 OFD 版式软件是一款覆盖版式文档全生命周期的产品，在功能性、安全性、稳定性、扩展性和易用性等多个层次达到了较高成熟度，并已通过 OFD 标准符合性测试与国产软/硬件环境的适配，主要功能包括 OFD 阅读器、OFD 在线工具、OFD 轻阅读、OFD 手写、OFD 移动、OFD 文件外带管理、OFD 隐写溯源。实现了以版式文件为核心的，适用于电子公文、智能协同的互联文档信息加密、电子签章、数字认证技术等领域，有效地解决了安全问题。

（6）书生电子。

北京书生电子技术有限公司（简称"书生电子"）专注于电子签章和版式技术的研

究与应用，是电子签章及版式文档领域的核心厂商。书生电子的主要技术能力领域为电子签章技术、版式处理技术、打印控制技术、数据安全及溯源追踪技术等。目前书生电子产品可高度兼容于大部分国产环境下的操作系统、数据库和中间件，同时已经完成了相关其他软/硬件产品的互认测试。

国内流式软件代表厂商有金山办公和永中软件。

（1）金山办公。

WPS Office 是由金山办公研发的一款办公软件套装，可以实现办公软件文字、表格、演示、PDF 阅读等多种功能。

（2）永中软件。

永中 Office 是永中软件自主研发的一款功能强大的办公软件。产品在一套标准的用户界面下集成了文字处理、电子表格和简报制作三大应用。基于面向对象的储藏库系统专利技术，有效解决了 Office 各应用之间的数据集成问题，构成了独具特色的集成办公软件。永中 Office 可以在 Windows 和 Linux 操作系统上运行。永中 Office 最新版本全面支持电子政务平台，轻松实现 OA 系统平滑移植，满足用户信息化的需求。

4.2.2 工业软件

工业软件是指应用于工业领域的各类软件，主要包括研发设计类工业软件、生产控制类工业软件、信息管理类工业软件等。

1. 研发设计类工业软件

研发设计类工业软件是指基于物理、数学等基础学科，与学科和专业关联性强的基础性工业软件，是工业软件的关键核心。研发设计类工业软件环环相扣，尤其以 CAX（CAD/CAE/CAM）为代表，贯穿研发设计到产品制造的整个流程。从产品生产流程上看，CAX 通过前后的互相反馈和反复修改，完成整个产品从设计到生产的准备工作。

研发设计类工业软件处于工业制造的上游，对工业制造智能化意义重大。通过研发设计类工业软件赋能工业制造的研发数字化，可以显著降低生产成本，提高生产效率和工业制造的智能化水平。研发设计类工业软件可以帮助企业在产品设计阶段从源头控制成本，对工业制造的影响举足轻重。

研发设计类工业软件的国内代表厂商为中望软件和浩辰软件。

（1）中望软件。

广州中望龙腾软件股份有限公司（简称"中望软件"）建立了以"自主二维 CAD、三维 CAD/CAM、电磁/结构等多学科仿真"为主的核心技术与产品矩阵。中望软件产品广泛应用于机械、电子、汽车、建筑、交通、能源等制造业和工程建设领域。

中望软件持续聚焦于 CAX 一体化核心技术的研发，以自主三维几何建模引擎技术为突破口，打造了一个贯穿设计、仿真、制造全流程的自主三维设计仿真平台，为全球用户提供可信赖的 CAX 软件和服务。

（2）浩辰软件。

苏州浩辰软件股份有限公司（简称"浩辰软件"）成立于 1992 年，已成为全球 CAD 软件与云方案领跑者，打造 2D/3D 设计软件及涵盖 CAD 文档生命周期的跨终端（Web/Mobile/Windows）、多应用场景协作的云方案。

2. 生产控制类工业软件

生产控制类工业软件是实现工业生产自动化控制系统的核心所在，用于工业生产中的过程控制，改善生产设备的效率和利用率，主要包含 MES、DCS、SCADA、EMS 等。生产控制类工业软件竞争格局分散，MES、DCS 等占比较高，行业集中度有进一步提高的趋势。国内厂商相对更专注于特定工业领域开发行业垂直软件，其中代表厂商为宝信软件。

宝信软件在推动信息化与工业化深度融合、支撑中国制造企业发展方式转变、提升城市智能化水平等方面做出了突出的贡献，成为中国领先的工业软件行业应用解决方案和服务提供商。公司产品与服务业绩遍及钢铁、交通、医药、有色、化工、装备制造、金融等多个行业。

3. 信息管理类工业软件

信息管理类工业软件具体包括 ERP（企业资源计划）、CRM（客户关系管理）、SCM（供应链管理）、SRM（供应商关系管理）、APS（先进生产排程）等。随着管理软件的发展，近年来主流厂商开始提供以 ERP 为核心的套装软件，完整的 ERP 套件已超出了企业范畴，涉及企业、供应商、客户和合作伙伴等领域，CRM、SCM、OA、PLM、BI 等管理软件产品逐渐与 ERP 形成子集或交集关系，ERP 套件成为市场的主流。

2013 年至 2019 年，我国 ERP 软件市场规模持续增长。2019 年中国 ERP 市场达到 299 亿元，至 2020 年约达到 341 亿元规模。信息管理类工业软件的国内代表厂商为金蝶和用友。

（1）金蝶。

金蝶 KIS 是为中小企业量身打造的管理软件品牌，包含多个系列的产品，以订单为主线，以财务为核心，通过云之家、微信等移动终端实现对库存、生产、销售、采购、网店、门店等各经营环节的实时管控，帮助企业做好内部管理。

（2）用友。

用友公司是全球企业级应用软件 TOP10 中唯一的亚太厂商，在全球 ERP SaaS 市场位居亚太区厂商排名第一，也是唯一入选 Gartner 全球云 ERP 市场指南、综合人力资源服务市场指南的中国厂商。

用友在财务、人力、供应链、采购、制造、营销、研发、项目、资产、协同领域为客户提供数字化、智能化、高弹性、安全可信、平台化、生态化、全球化和社会化的企业云服务产品与解决方案。

4.2.3 行业应用软件

行业应用软件是指针对重点行业应用的各类软件，如金融行业软件、通信行业软件、能源行业软件等。

以金融行业软件为例，由于金融行业自身的特点，行业应用软件在金融行业的起步较早，发展较快，竞争也较为激烈。目前，金融业的行业应用软件主要有三种，即银证类软件、证券交易管理软件和开放式基金系统软件。随着金融行业信息化步伐的加快，行业应用软件的需求正处于平稳上升阶段。金融行业应用软件市场的发展前景广阔。

金融行业应用软件厂商有金证、新利、金仕达、顶点等。

（1）金证。

深圳市金证科技股份有限公司（简称"金证"）成立于 1998 年，是国内金融科技全领域服务商。

金证业务全面覆盖"一行两会、三所一司"为首的大金融及相关领域，深度布局了"大证券、大资管、大银行、大数字、创新类"五大业务板块，成为交易所、证券、基金、私募、期货、银行、信托等机构整体解决方案的首选服务商，并在数字经济领域完成数字产业化、产业数字化、数字化治理、数据价值化的"四化框架"布局，推动产业、技术、投资资本生态体系的合作共赢。

多年来，金证在构建行业核心技术高壁垒基础上，大力发展创新技术，联合腾讯、京东、阿里等行业生态伙伴，驱动云计算、人工智能、大数据、区块链等新技术在金融核心业务领域的融合发展。

（2）新利。

新利软件（集团）股份有限公司（简称"新利"），是中国首家海外上市的金融软件开发商。作为中国金融业、教育业信息科技及服务的主要发展商及供应商之一，专注于为银行、教育及相关行业提供完整的解决方案。

（3）金仕达。

金仕达成立于 1995 年，具有先进技术架构与交付经验，对内持续推进产品研发，技术进步，获全球软件领域最高等级 CMMI5 级认证。

（4）顶点。

福建顶点软件股份有限公司（简称"顶点"）成立于 1996 年，专注于自有知识产权软件产品与技术的研发，重点服务于以证券、期货、银行、信托、基金/资管、要素交易市场为核心的大金融行业，为其提供账户、资金、交易、结算、业务运营、营销服务、财富管理、资产管理、合规风控等方面的软件产品及服务。

4.2.4 新型平台软件

新型平台软件是指基于新兴信息技术的平台软件，主要包括大数据平台、云计算平台、人工智能平台、物联网平台等。

以大数据平台为例，软件厂商主要有思迈特软件、友盟+、网易猛犸等。

（1）思迈特软件。

思迈特软件满足了用户在企业级报表、数据可视化分析、自助探索分析、数据挖掘建模、AI智能分析等大数据分析需求。产品广泛应用于领导驾驶舱、KPI监控看板、财务分析、销售分析、市场分析、生产分析、供应链分析、风险分析、质量分析、客户细分、精准营销等领域。

（2）友盟+。

友盟+可以全面覆盖PC、无线路由器等多种设备，为企业提供基础统计、操作分析、数据决策等全业务链的数据应用解决方案，帮助企业进行数据化操作和管理。

（3）网易猛犸。

网易猛犸大数据平台提供了海量应用开发的一站式数据管理平台，其中还包含了大数据开发套件和Hadoop发布，该套件主要包括数据开发、任务操作、自助分析及多租户管理等。

4.2.5 嵌入式软件

嵌入式软件是指嵌入在硬件中的操作系统和开发工具软件，它在产业中的关系体现为"芯片设计制造→嵌入式系统软件→嵌入式电子设备开发、制造"。嵌入式软件广泛应用于工业生产、医疗电子、汽车电子、网络通信等领域。它具有实用性、灵活的适用性、程序代码精简性、可靠性、高稳定性等特点。

嵌入式软件与嵌入式系统是密不可分的，嵌入式系统一般由嵌入式微处理器、外围硬件设备、嵌入式操作系统及用户的应用程序4个部分组成，用于实现对其他设备的控制、管理等功能。嵌入式软件是基于嵌入式系统设计的软件，它也是计算机软件的一种，同样由程序及其文档组成，是嵌入式系统的重要组成部分。嵌入式软件是微电子技术进步的重要标志。嵌入式软件的主要代表厂商有翼辉信息、和利时。

（1）翼辉信息。

翼辉信息于2015年成立，是我国拥有大型实时操作系统完整自主知识产权的高新技术企业，致力于为客户提供安全智慧的嵌入式实时操作系统、技术服务及硬软件综合解决方案，保障产品实时可靠和信息安全，缩短产品开发周期，降低产品开发成本，并提高产品自主化率。

（2）和利时。

和利时创建于 1993 年，是全球自动化系统解决方案主力供应商，和利时业务由工业自动化、交通自动化、医疗大健康和能源环保四大板块构成，覆盖国计民生主要行业。

4.3 与应用软件相关的就业岗位

随着应用软件的迅猛发展，各种各样的应用软件岗位需求越来越大。在专业分布方面，计算机科学与技术专业人才占比最高，其次为软件工程、电子信息工程、通信工程、计算机应用、信息与计算科学和自动化等专业。

从岗位招聘情况看，招聘需求量较大的岗位为 Java 工程师。相关数据显示，当前应用软件就业市场对 Java 工程师、Web 前端开发工程师的需求量较大。

关键基础软件领域岗位主要有架构师、前端开发工程师、后端开发工程师（Java、C++等）、运维工程师、算法工程师等。关键基础软件领域岗位信息详见表 4-4。

表 4-4 关键基础软件领域岗位信息

岗位名称	岗位职责
架构师	负责应用架构及数据架构搭建、优化
前端开发工程师	负责前端 Web 框架组件开发、页面研发
后端开发工程师（Java、C++等）	负责系统开发及维护工作；功能模块编写、维护
运维工程师	负责软件安装调试及数据对接、项目运维
算法工程师	负责算法研发、改进、应用

大型工业软件领域的岗位主要有架构师、前端开发工程师、后端开发工程师、运维工程师。大型工业软件领域岗位信息详见表 4-5。

表 4-5 大型工业软件领域岗位信息

岗位名称	岗位职责
架构师	负责应用架构及数据架构搭建、优化
前端开发工程师	负责前端 Web 框架组件开发、页面研发
后端开发工程师（Java、C++等）	负责系统开发及维护工作，功能模块编写和维护
运维工程师	负责软件安装调试及数据对接、项目运维

新型平台软件领域的岗位主要有架构师、前端开发工程师、后端开发工程师和算法工程师。新型平台软件领域岗位信息详见表 4-6。

表 4-6　新型平台软件领域岗位信息

岗位名称	岗位职责
架构师	负责应用架构及数据架构搭建、优化
前端开发工程师	负责前端 Web 框架组件开发，以及页面研发
后端开发工程师（Java、C++等）	负责系统开发及维护工作，功能模块编写、维护
算法工程师	负责算法研究、改进和应用
产品经理	负责分析用户需求、梳理产品功能、跟进开发过程
项目经理/主管	负责软件部署、问题跟踪、分析解决、技术支持
售前支持工程师	负责配合技术交流，售前支持工作

行业应用软件领域的岗位主要有架构师、前端开发工程师、后端开发工程师、运维工程师、嵌入式软件开发岗等。嵌入式软件领域最紧缺的岗位主要为架构师、后端开发工程师、嵌入式软件开发岗和产品经理。行业应用软件领域岗位信息详见表 4-7。

表 4-7　行业应用软件领域岗位信息

岗位名称	岗位职责
架构师	负责应用架构及数据架构搭建、优化
后端开发工程师（Java、C++等）	负责系统开发及维护工作，功能模块编写、维护
嵌入式软件开发岗	负责程序框架设计及开发、功能的代码实现、软件维护
项目经理/主管	负责软件部署、问题跟踪、分析解决、技术支持
产品经理	负责分析用户需求、梳理产品功能、跟进开发过程
一体化产品销售代表	负责销售工作、产品推广与客户关系维护
高级硬件工程师	负责软件设计开发工作，硬件代码编写及调试

 本章小结

　　本章节主要从认识应用软件、应用软件的分类、应用软件相关的岗位等方面进行了讲解，从而让读者清晰地认识到发展应用软件的重要性。从产业链各环节发挥的作用来看，应用软件是拉动信息化产业发展的重要突破口之一，在后续信息化产业的发展中越来越受到关注。相关从业人员可以根据相关的岗位，投身薄弱领域应用软件的开发（如大型工业软件），积极推动用户使用国产应用软件，推动国产应用软件在生活中的应用。

 思考题

1. 简述国内应用软件未来的发展趋势。
2. 简述流式/版式软件的区别。

第 **5** 章
信 息 安 全

随着网络信息安全技术的发展，信息安全产业与网络安全产业概念高度融合。信息安全产品与服务贯穿整个信息化产业链，并且是目前国产化程度最高、较早实现由强政策驱动向业务驱动的环节。未来，国内安全厂商将持续受益于等保 2.0，将研发资源向信息化倾斜，主动完成上/下游厂商的适配工作，打造我国信息安全底座。

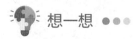 场景 ●●●

　　现阶段，虽然生活方式呈现出简单性和快捷性，但其背后也伴有诸多信息安全隐患。例如，诈骗电话、推销信息及个人信息泄露等，均会对个人信息安全造成影响。不法分子通过各类软件或者程序来盗取个人信息，并利用信息来获利，严重侵犯了公民生命、财产安全。除了政府和得到批准的企业，还有部分未经批准的商家或者个人非法采集个人信息，甚至部分调查机构建立调查公司，并肆意出售个人信息。上述问题使得个人信息安全遭到极大影响，严重侵犯了公民的隐私权。

 想一想 ●●●

1. 你身边涉及哪些信息安全，你的个人信息是否已经泄露？
2. 信息安全具有哪些特点，主要应用在哪些场景？

 5.1　了解信息安全

5.1.1　信息安全的概念

　　信息安全是指信息网络的硬件、软件及其系统中的数据受到保护，不受偶然的或者恶意的原因而遭到破坏、更改和泄露，系统能够连续可靠正常地运行，信息服务不中断。信息安全通过密码技术、网络技术、信息对抗等手段，对搭建在计算机系统上的软/硬件、系统数据及相关业务进行保护。

　　信息安全主要包括以下五方面的内容，即需要保证信息的保密性、完整性、可用性、可控性和不可否认性。

　　保密性（Confidentiality）是指阻止非授权的用户阅读信息。保密性是信息安全一诞生就具有的特性，也是信息安全主要的研究内容之一。更通俗地讲，就是说未授权的用户不能够获取敏感信息。对纸质文档信息，我们只需要保护好文件，不被非授权者接触即可。而对计算机及网络环境中的信息，不仅要制止非授权者对信息的阅读，也要阻止授权者将其访问的信息传递给非授权者。

　　完整性（Integrity）是指防止信息被未经授权地篡改。它是保护信息保持原始的状态，使信息保持其真实性。如果这些信息被蓄意地修改、插入、删除等，形成虚假信息将带来严重的后果。

可用性（Availability）是指授权主体在需要信息时能及时得到服务的能力。可用性是在信息安全保护阶段对信息安全提出的新要求，也是在网络化空间中必须满足的一项信息安全要求。

可控性（Controlability）是指对信息和信息系统实施安全监控管理，防止非法利用信息和信息系统。

不可否认性（Non-repudiation）是指在网络环境中，信息交换的双方不能否认其在交换过程中发送信息或接收信息的行为。

信息安全的保密性、完整性和可用性主要强调对非授权主体的控制。信息安全的可控性和不可否认性是通过对授权主体的控制，实现对保密性、完整性和可用性的有效补充，主要强调授权用户只能在授权范围内进行合法的访问，并对其行为进行监督和审查。

除了上述的信息安全五性，还有信息安全的可审计性、可鉴别性等。信息安全的可审计性是指信息系统的行为人不能否认自己的信息处理行为。与不可否认性的信息交换过程中行为可认定性相比，可审计性的含义更宽泛一些。信息安全的可鉴别性是指信息的接收者能对信息的发送者的身份进行判定。它也是一个与不可否认性相关的概念。

信息作为一种资源，它的普遍性、共享性、增值性、可处理性和多效用性，使其对于人类具有特别重要的意义。信息安全的实质是要保护信息系统或信息网络中的信息资源免受各种类型的威胁、干扰和破坏，即保证信息的安全性。

5.1.2 信息安全的涉及领域、风险及相应对策

1. 信息安全涉及的领域

（1）硬件安全，即网络硬件和存储媒体的安全。要保护这些硬设施不受损害，能够正常工作。

（2）软件安全，即计算机及其网络各种软件不被篡改或破坏，不被非法操作或误操作，功能不会失效，不被非法复制。

（3）运行服务安全，即网络中的各个信息系统能够正常运行并能正常地通过网络交流信息。通过对网络系统中的各种设备运行状况的监测，发现不安全因素能及时报警并采取措施改变不安全状态，保障网络系统正常运行。

（4）数据安全，即网络中存在及流通数据的安全。要保护网络中的数据不被篡改、非法增删、复制、解密、显示、使用等。它是保障网络安全最根本的目的。

从信息安全属性的角度来看，每个信息安全层面具有相应的处置方法。

（1）物理安全，是指对网络与信息系统的物理设备的保护，主要的保护方式有干

扰处理、电磁屏蔽、数据校验、冗余和系统备份等。

（2）运行安全，是指对网络与信息系统的运行过程和运行状态的保护，主要的保护方式有防火墙与物理隔离、风险分析与漏洞扫描、应急响应、病毒防治、访问控制、安全审计、入侵检测、源路由过滤、降级使用和数据备份等。

（3）数据安全，是指对信息在数据收集、处理、存储、检索、传输、交换、显示和扩散等过程中的保护，使得在数据处理层面保障信息依据授权使用，不被非法冒充、窃取、篡改、抵赖，主要的保护方式有加密、认证、非对称密钥、完整性验证、鉴别、数字签名和秘密共享等。

（4）内容安全，是指对信息在网络内流动中的选择性阻断，以保证信息流动的可控能力，主要的处置手段有密文解析或形态解析、流动信息的裁剪、信息的阻断、信息的替换、信息的过滤和系统的控制等。

（5）信息对抗，是指在信息的利用过程中，对信息真实性的隐藏与保护，或者攻击与分析，主要的处置手段有消除重要的局部信息、加大信息获取能力以及消除信息的不确定性等。

2. 信息安全风险分析及对策

（1）计算机病毒的威胁。

随着互联网技术的发展、企业网络环境的日趋成熟和企业网络应用的增多。病毒感染、传播的能力和途径也由原来的单一、简单变得复杂、隐蔽，尤其是互联网环境和企业网络环境为病毒传播、生存提供了环境。

（2）黑客攻击。

黑客攻击已经成为近年来经常出现的问题。黑客利用计算机系统、网络协议及数据库等方面的漏洞和缺陷，采用后门程序、信息炸弹、拒绝服务、网络监听、密码破解等手段侵入计算机系统，盗窃系统保密信息，进行信息破坏或占用系统资源。

（3）信息传递的安全风险。

企业和外部单位，以及国外有关公司有着广泛的工作联系，许多日常信息、数据都需要通过互联网来传输。网络中传输的这些信息面临着各种安全风险。例如，被非法用户截取从而泄露企业机密；被非法篡改，造成数据混乱、信息错误从而造成工作失误；非法用户假冒合法身份，发送虚假信息，给正常的生产经营秩序带来混乱，造成破坏和损失。因此，信息传递的安全性日益成为企业信息安全中重要的一环。

（4）身份认证和访问控制存在的问题。

企业中的信息系统一般供特定范围的用户使用，信息系统中包含的信息和数据也只对一定范围的用户开放，没有得到授权的用户不能访问。为此各个信息系统中都设计了用户管理功能，在系统中建立用户、设置权限、管理和控制用户对信息系统的访问。这些措施在一定程度上能够加强系统的安全性，但在实际应用中仍然存在一些问题。例如，部分应用系统的用户权限管理功能过于简单，不能灵活实现更详细的权限控制；各应用系统没有一个统一的用户管理，使用起来非常不方便，无法确保账号的有效管理和使用安全。

3. 信息安全的对策

（1）安全技术。

为了保障信息的机密性、完整性、可用性和可控性，必须采用相关的技术手段。这些技术手段是信息安全体系中直观的部分，任何一方面薄弱都会产生巨大的危险。因此，应该合理部署、互相联动，使其成为一个有机的整体。安全技术涉及的具体的技术如下。

① 加解密技术。在传输过程或存储过程中进行信息数据的加解密，典型的加密体制可采用对称加密和非对称加密。

② VPN 技术。VPN 即虚拟专用网，通过一个公用网络（通常是因特网）建立一个临时的、安全的连接，是一条穿过混乱的公用网络的安全、稳定的隧道。通常 VPN 是对企业内部网的扩展，可以帮助远程用户、公司分支机构、商业伙伴及供应商同公司的内部网建立可信的安全连接，并保证数据的安全传输。

③ 防火墙技术。防火墙在某种意义上可以说是一种访问控制产品。它在内部网络与不安全的外部网络之间设置障碍，防止外界对内部资源的非法访问，以及内部对外部的不安全访问。

④ 入侵检测技术。入侵检测技术是防火墙的合理补充，帮助系统防御网络攻击，扩展了系统管理员的安全管理能力，提高了信息安全基础结构的完整性。入侵检测技术从计算机网络系统中的若干关键点收集信息，并进行分析，检查网络中是否有违反安全策略的行为和遭到袭击的迹象。

⑤ 安全审计技术。安全审计技术包含日志审计和行为审计。日志审计协助管理员在受到攻击后查看网络日志，从而评估网络配置的合理性和安全策略的有效性，追溯、分析安全攻击轨迹，并能为实时防御提供手段。通过对员工或用户的网络行为审计，可确认行为的规范性，确保管理的安全。

（2）安全管理。

只有建立完善的安全管理制度。将信息安全管理自始至终贯彻落实于信息系统管理的方方面面，企业信息安全才能真正得以实现。具体技术包括以下方面。

① 开展信息安全教育，提高安全意识。员工信息安全意识的高低是一个企业信息安全体系是否能够最终成功实施的决定性因素。据不完全统计，信息安全的威胁除了外部的威胁，主要还有内部的威胁。在企业中，可以采用多种形式对员工开展信息安全教育。例如，可以通过培训、宣传等形式，采用适当的奖惩措施，强化技术人员对信息安全的重视，提升使用人员的安全观念；有针对性地开展安全意识宣传教育，同

时对在安全方面存在问题的用户进行提醒并督促改进，逐渐提高用户的安全意识。

② 建立完善的组织管理体系。完整的企业信息系统安全管理体系首先要建立完善的组织体系，即建立由行政领导、IT 技术主管、信息安全主管、系统用户代表和安全顾问等组成的安全决策机构，完成制定并发布信息安全管理规范和建立信息安全管理组织等工作，从管理层面和执行层面上统一协调项目实施进程。克服实施过程中人为因素的干扰，保障信息安全措施的落实和信息安全体系自身的不断完善。

③ 及时备份重要数据。在实际的运行环境中，数据备份与恢复是十分重要的。即使从预防、防护、加密、检测等方面加强了安全措施，但也无法保证系统不会出现安全故障，应该对重要数据进行备份，以保障数据的完整性。企业最好采用统一的备份系统和备份软件，将所有需要备份的数据按照备份策略进行增量和完全备份。要有专人负责和专人检查，保障数据备份的严格进行及可靠、完整性，并定期安排数据恢复测试，检验其可用性，及时调整数据备份和恢复策略。目前，虚拟存储技术已日趋成熟，可在异地安装一套存储设备进行异地备份，不具备该条件的，则必须保证备份介质异地存放，所有的备份介质必须有专人保管。

5.2 信息安全行业背景

5.2.1 信息安全的发展历史、现状及趋势

1. 发展历史

随着互联网开通、计算机应用拓展，信息安全成为系统建设重要内容。在国家"863计划"的推动下，天融信、启明星辰等信息安全公司成立，我国信息安全产业开始起步。至 2000 年，全国安全厂商仅几十家。行业重视程度大幅提升，信息安全人才培养、资金投入加大。

2000 年 4 月，全国信息安全标委会正式成立。大批国外企业进入中国市场，获得公安部信息安全销售许可的国内外安全企业达三四百家。2008 年，卫士通深交所上市，拉开安全股上市序幕。信息安全产业体系日益健全完备，信息安全厂商综合实力逐步增强。

2012 年 6 月，国务院颁布相关文件，指明信息安全建设的重要性。信息安全建设作为各行业 IT 建设重要环节，业务驱动效能逐渐上升。

2019 年工信部提出要在 2025 年形成具有国际竞争力的网络安全骨干企业、网络安全产业规模超过 2000 亿的目标。目前，各大国产安全厂商产品及业务布局初步完成，全面走向市场需 3～5 年时间；行业标准将引领安全产业健康发展。

全球信息安全产业发展水平较高的国家主要有美国、法国、以色列、英国、日本等，与国际先进水平相比，我国信息安全行业的技术水平具有以下特点。

（1）关键核心技术与国际先进水平差距不大，信息安全领域的核心技术可以分成结构性技术和解构性技术两大类，我国在这两类技术层面与国际先进水平差距不大。

（2）安全技术转化为产品的能力与国际先进水平有差距，在信息安全主流产品（包括防病毒、防火墙、IDS/IPS、漏洞扫描、加密、UTM、SOC 等）方面，我国尚无真正能打入国际主流市场的国际化安全产品，在产品成熟度、国际市场占有率、国际品牌影响力等方面与国际先进水平有差距。但是在国内信息安全产品市场，国内企业能够在不同的细分市场中占据领先地位或与国外产品抗衡。造成产品层面差距的原因除技术差距外，主要原因在于整个产业的产品化能力和国际营销能力不足，产业链相关上下游行业的综合实力有待提高。

（3）安全技术迅速融入服务的能力与国际先进水平相当由于信息安全所具有的对抗特性、对信息系统的密切关联性、安全技术和产品应用的复杂性等，使得安全服务在整个信息安全领域中占据了非常重要的地位。

2. 发展现状

信息化背景下的信息安全在行业领域发展或将提速，整体呈现重硬件轻软件趋势。信息安全领域，在硬件和软件产品均有垂直厂商布局，以奇安信、启明星辰和绿盟科技为代表的企业在安全软件和硬件领域同时占领领先地位，"双轮驱动"布局更具优势。

（1）全球现状。

全球信息安全相关支出庞大，我国投入及服务水平有待提高。随着 IT 产业迅速扩张，各国政府和企业对安全的重视程度逐渐提升，2021 年全球信息安全支出可达 1500 亿美元，约占全球 IT 支出的 3.7%，相比 2017 年增长 8.7 个百分点。2017～2021 年全球信息安全产品及服务支出，如图 5-1 所示。受到云、大数据、物联网等新一代信息技术影响，云安全、数据安全与基础设施保护成为 2021 年全球信息安全产品规模增速前三，也是我国近年来市场融投资热点；其次，全球信息安全产品与服务占比约五五分，而我国信息安全硬件产品占比最大，其次是软件和安全服务。据中国网络安全协会统计，2019 年我国软件及硬件产品收入约占安全业务总收入 66%，安全服务收入占比为 24%，安全集成收入约占安全业务的 10%。2021 年全球网络安全产品市场规模及增速如图 5-2 所示。

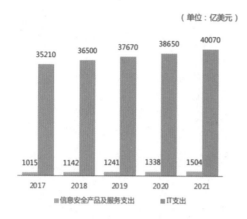

图 5-1 2017—2021年全球信息安全产品
及服务支出

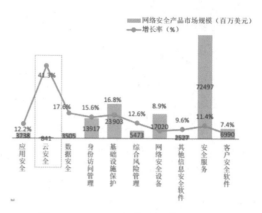

图 5-2 2021年全球网络安全产品
市场规模及增速

（2）国内现状。

信息安全产业是国产化程度最高的环节。信息安全产品及服务行业渗透性高，是各行各业IT建设的关键环节。近年来受下游需求及政策双轮驱动，我国信息安全产业规模不断扩大，2020年我国信息安全产品和服务实现收入1498亿元，同比增长10.0%，安全厂商数量不断增加；其次，信息安全产业发展与经济发展水平、地方政策存在一定相关性。从2019年我国信息安全产品和服务收入分布城市来看，北京作为全国政治、文化中心，信息安全收入规模及安全厂商数量显著领先，山东、辽宁、江苏等地紧跟其后，川渝则是我国信息安全产业的西部中心。从2020年全国新增网络安全厂商的城市分布可看出，以北京、山东等东部地区为中心的信息安全产业正在向东南、中部等地区铺开。2020年全国网络安全厂商数量如图5-3所示。

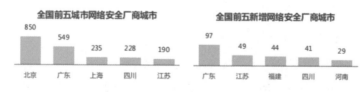

图 5-3 2020年全国网络安全厂商数量

3. 发展趋势

我国信息安全行业起步较晚，自21世纪初以来经历了三个重要发展阶段（萌芽、爆发和普及阶段），产业规模逐步扩张。尤其是近年来，各类网络威胁造成的损害不断增强，带动了市场对信息安全产品和服务需求的持续增长；另外，政府重视和政策扶持也不断推动我国信息安全产业的快速发展。

我国信息安全产业针对各类网络威胁行为已经具备了一定的防护、监管、控制能力，市场开发潜力得到不断提升。在市场需求方面，政府、电信、银行、能源、军队等仍然是信息安全企业关注的重点行业，证券、交通、教育、制造等新兴市场需求强劲，为信息安全产品市场注入了新的活力；在产品结构方面，信息安全产品种类日益丰富，网络边界安全、内网信息安全及外网信息交换安全等领域全面发展。

近年来，受下游需求及政府政策的推动，我国信息安全产业规模不断扩大，企业数量也不断增加。自 2007 年以来，我国信息安全行业市场规模维持在 15% 以上的增速。

从全球范围来看，美国、法国、以色列、英国、丹麦等国的信息安全市场已步入成熟期，日本、中国、澳大利亚的信息安全市场近几年也呈稳步增长态势，竞争力逐步增强。从企业层面来看，飞塔、思科、瞻博网络牢牢占据着信息安全市场前三的位置，国内信息安全企业虽有实力雄厚者，但与这三大企业相比，仍存在一定差距。未来随着国内外市场竞争进一步加剧，具有技术、品牌、人才和资金优势的厂商可能会成为潜在的行业整合者，行业内的兼并收购将不可避免。

国内信息安全投入占 IT 整体投入比重仅在 1%～2% 之间，而欧美国家这一比例普遍达到 8%～12%，因此国内信息安全市场随着应用环境和用户需求的不断成熟，存在较大的提升空间。近年来，互联网渗透率持续提高，互联网商务化趋势明显，而信息安全形势的不断恶化使得企业对于信息安全的投入意愿加强，行业发展面临机遇。

此外，我国政府正从技术、标准、管理等多方面对信息安全产业施加更大的影响力。随着我国信息化程度的提高，客户对于信息安全的需求不断提高，信息安全行业的需求将进一步趋于成熟，证券、交通、教育、制造等新兴市场信息安全需求还将大幅度上升。在一系列因素的驱动下，我国信息安全行业将继续保持快速发展的态势。

4. 影响发展的因素

（1）有利因素。

① 我国高度重视信息安全问题。网络已经成为继陆、海、空、太空之后的第五维战略空间，网络空间安全已经成为国家安全的重要组成部分。

② 我国信息安全市场整体上正在走向稳定和快速健康成长，宏观政策环境不断改善，信息化应用比较深入的行业和企业对信息安全的认识和重视程度不断提高，将有效促进产品和服务的进一步成熟。

③ 国家关于信息安全等级保护的政策以及以运营商、金融机构为代表的行业安全合规规定的出台，标志着行业风险管理正在走向规范化，合规审计等产品需求会快速增加，市场将逐步走向成熟。

（2）不利因素。

① 由于我国信息安全产业的规模相比国际先进国家仍比较小，产业链还不够完善，产业链各个环节的厂商都处于发展阶段，因此产品竞争力的提升在一定程度上依赖于产业链整体的发展和提升。

② 信息安全市场需求变化和技术发展速度快,厂商都面临不断保持技术核心竞争优势的挑战, 需要不断加大研发投入。

③ 行业应用的 Web 化和互联网化使得行业用户的资产和业务安全风险增加,需要提供一系列的安全整体解决方案,对国内厂商提出了更高的要求。与此同时, 国外安全厂商正在加大在中国的投入力度,在高端用户上的竞争会进一步加剧。

④ 国内市场存在一定程度上的低水平竞争现象,在一定程度上伤害了市场和产业发展, 对国产品牌的形象提升产生不利影响。

5.2.2　信息安全的重要性、发展机遇与挑战

1. 信息安全的重要性

为什么我们需要信息安全? 第一, 从网络结构上说, 过去的网络是封闭的, 没有互联网的入口点; 而现在的网络有很多互联网的入口点, 自然有风险, 所以需要网络安全; 第二, 从黑客技术上说, 过去要实施一些简单的网络攻击, 需要很多的知识, 如网络编程, 现在人们能够很轻松地获取各种攻击软件、渗透测试套件, 如 Kali Linux, 有些软件只需要知道如何用即可, 无须知道原理, 就可以很轻松发起网络攻击; 第三, 从资产价值来看, 过去计算机上的数据并没有太多的价值。例如, 上学时存在机房计算机中的游戏、音乐等, 就算丢失也无太大影响; 而今天不一样了, 尤其是对于电子商务公司, 数据对于公司而言至关重要, 需要保障持续地为客户服务。

我国的改革开放带来了各方面信息量的急剧增加, 并要求大容量、高效率地传输这些信息。为了适应这一形势, 通信技术发生了前所未有的爆炸性发展。目前, 除有线通信外, 短波、超短波、微波、卫星等无线电通信也正在越来越广泛地应用。与此同时, 国外窃密人员为了窃取我国的政治、军事、经济、科学技术等方面的秘密信息, 运用侦察台、侦察船、侦察机、卫星等手段, 形成固定与移动、远距离与近距离、空中与地面相结合的立体侦察网, 截取我国通信传输中的信息。

传输信息的方式很多, 有局域网、互联网和分布式数据库, 有蜂窝式无线、分组交换式无线、卫星电视会议、电子邮件及其他各种传输技术。信息在存储、处理和交换过程中, 都存在泄密或被截收、窃听、篡改和伪造的可能性。不难看出, 单一的保密措施已很难保证通信和信息的安全, 必须综合应用各种保密措施, 即通过技术的、管理的、行政的手段, 实现信源、信号、信息三个环节的保护, 借以达到秘密信息安全的目的。

信息安全本身包括的范围很大。大到国家军事政治等机密安全, 小到如防范商业企业机密泄露、防范青少年对不良信息的浏览、个人信息的泄露等。网络环境下的信息安全体系是保证信息安全的关键, 包括计算机安全操作系统、各种安全协议、安全机制(数字签名、信息认证、数据加密等), 直至安全系统, 其中任何一个安全漏洞便

可以威胁全局安全。信息安全服务至少应该包括支持信息安全服务的基本理论，以及基于新一代信息网络体系结构的信息安全服务体系结构。

在计算机领域中，网络是用物理链路将各个孤立的工作站或主机相连在一起，组成数据链路，从而达到资源共享和通信的目的。凡将地理位置不同，并具有独立功能的多个计算机系统通过通信设备和线路而连接起来，且以功能完善的网络软件（网络协议、信息交换方式及网络操作系统等）实现网络资源共享的系统，可称为计算机网络。

网络的安全是指通过采用各种技术和管理措施，使网络系统正常运行，从而确保网络数据的可用性、完整性和保密性。网络安全的具体含义会随着"角度"的变化而变化。例如，从用户（个人、企业等）的角度来说，他们希望涉及个人隐私或商业利益的信息在网络传输时受到机密性、完整性和真实性的保护。

网络安全从其本质上来讲就是网络上的信息安全。从广义来说，凡是涉及网络上信息的保密性、完整性、可用性、真实性和可控性的相关技术和理论都是网络安全的研究领域。从网络运行和管理者角度说，他们希望对本地网络信息的访问、读写等操作受到保护和控制，避免出现"陷门"、病毒、非法存取、拒绝服务和网络资源非法占用和非法控制等威胁，制止和防御网络攻击者的攻击。对安全保密部门来说，他们希望对非法的、有害的或涉及国家机密的信息进行过滤和防堵，避免机要信息泄露，避免对社会产生危害，对国家造成巨大损失。从社会教育和意识形态角度来讲，网络上不健康的内容，会对社会的稳定和人类的发展造成阻碍，必须对其进行控制。

随着计算机技术的迅速发展，在计算机上处理的业务也由基于单机的数学运算、文件处理，基于简单连接的内部网络的内部业务处理、办公自动化等，发展到基于复杂的内部网、企业外部网、全球互联网的企业级计算机处理系统和世界范围内的信息共享和业务处理。在系统处理能力提高的同时，系统的连接能力也在不断提高，但在连接能力信息、流通能力提高的同时，基于网络连接的安全问题也日益突出。整体的网络安全主要表现在以下几个方面：网络的物理安全、网络拓扑结构安全、网络系统安全、应用系统安全和网络管理的安全等。

通常，系统安全与性能和功能是一对矛盾的关系。如果某个系统不向外界提供任何服务，外界是不可能构成安全威胁的。但是，企业接入国际互联网，提供网上商店和电子商务等服务，等于将一个内部封闭的网络建成了一个开放的网络环境，各种安全包括系统级的安全问题也随之产生。构建网络安全系统，一方面由于要进行认证、加密、监听，分析、记录等工作，由此影响网络效率，并且降低客户应用的灵活性；另一方面也增加了管理费用。但是，来自网络的安全威胁是实际存在的，特别是在网络上运行关键业务时，网络安全是首先要解决的问题。

采用适当的安全体系设计和管理计划，能够有效降低网络安全对网络性能的影响并降低管理费用。选择适当的技术和产品，制定灵活的网络安全策略，在保证网络安全的情况下，提供灵活的网络服务通道。

网络安全产品有以下几大特点：第一，网络安全来源于安全策略与技术的多样化，如果采用一种统一的技术和策略也就不安全了；第二，网络的安全机制与技术要不断地变化；第三，随着网络在社会各方面的延伸，进入网络的手段也越来越多。因此，网络安全技术是一个十分复杂的系统工程。为此建立有我国特色的网络安全体系，需要国家政策和法规的支持及集团联合研究开发。安全与反安全就像矛盾的两个方面，总是不断地向上攀升，所以安全产业将来也是一个随着新技术发展而不断发展的产业。

网络安全产品的自身安全的防护技术网络安全设备安全防护的关键，一个自身不安全的设备不仅不能保护被保护的网络而且一旦被入侵，反而会变为入侵者进一步入侵的平台。

信息安全是国家发展中所面临的一个重要问题。我们不仅应该看到信息安全的发展是我国高科技产业的一部分，而且应该看到发展安全产业的政策是信息安全保障系统的一个重要组成部分，甚至应该看到它对我国未来电子化、信息化的发展起着非常重要的作用。

2. 发展机遇与挑战

（1）新数据、新应用、新网络和新计算成为今后一段时期信息安全的方向和热点给未来带来新挑战。

物联网和移动互联网等新网络的快速发展给信息安全带来更大的挑战。物联网将会在智能电网、智能交通、智能物流、金融与服务业、国防军事等众多领域得到应用。物联网中的业务认证机制和加密机制是安全上最重要的两个环节，也是信息安全产业中保障信息安全的薄弱环节。移动互联网快速发展带来的是移动终端存储的隐私信息的安全风险越来越大。

（2）传统的网络安全技术已经不能满足新一代信息安全产业的发展，企业对信息安全的需求不断发生变化。

传统的信息安全更关注防御、应急处置能力，但是随着云安全服务的出现，基于软硬件提供安全服务模式的传统安全产业开始发生变化。在移动互联网、云计算兴起的新形势下，简化客户端配置和维护成本，成为企业对新的网络安全需求，也成为信息安全产业发展面临的新挑战。

（3）未来，信息安全产业发展的大趋势是从传统安全走向融合开放的大安全。

随着互联网的发展，传统的网络边界不复存在，给未来的互联网应用和业务带来巨大改变，给信息安全也带来了新挑战。融合开放是互联网发展的特点之一，网络安全也因此变得正在向分布化、规模化、复杂化和间接化等方向发展，信息安全产业也将在融合开放的大安全环境中探寻发展。

网络安全是护航数字经济发展的安全基石。随着国家数字化转型进程的稳步推进，新兴技术正不断涌现，并且与国民经济、社会发展紧密交织，因此网络安全面临的挑战愈发严峻。

随着《中华人民共和国数据安全法》和《中华人民共和国个人信息保护法》的实施，以及人们对隐私保护需求的日益增加，市场对数据安全保护意识逐渐增强。在数据要素市场化高度迫切、数据隐私与安全保护日益增强的今天，如何在保证数据安全、隐私合规的前提下，促进数据要素的有序流动与高效释放成为推动数据要素市场化配置的核心问题。

5.2.3 信息安全的发展未来

数字化推动安全概念升级，网络安全向数字安全不断外延。近年来，数字化衍生出安全新形势、新需求，驱动安全界限不断向网络物理融合空间拓展，推动安全概念迭代升级。数字时代的安全问题从网络空间向物理世界延伸，不仅要防范网络中断和系统瘫痪等风险、保障"线上"网络系统安全可靠运转，更要进一步保障"线下"经济社会运行秩序稳定。在此背景下，网络安全逐渐成为过程性因素，向着安全覆盖范围更大、安全防护边界更广的数字安全体系演进。数字安全集成了应用领域和专业基础领域的安全概念，将安全作用域拓展延伸至数字业务、应用场景等数字化融合领域。当前我国数字安全体系已具雏形，逐渐成为保障数字化发展安全的新引擎。

安全技术和产品创新发展，智能化、主动化将成为竞争力的关键。一方面，攻防能力不对等导致未知威胁和蛰伏攻击的应对成为难题。对于攻击方而言，通过智能学习模仿、实施高级可持续威胁攻击等方式，加大攻击发现和溯源难度。对于防御方而言，基于已有规则特征的被动静态应对失效，难以发现攻击背后的联动风险。另一方面，5G、物联网、工业互联网等新场景衍生出特殊的安全需求，亟须在广域覆盖、资源受限场景下实现威胁应对。智能化、主动化安全技术具有多种优势，不仅可实现安全威胁的快速感知、主动捕获、关联预测、动态对抗，还支持轻量化、场景定制化、全局安全联动部署。可以预见，智能主动安全类产品将迎来规模化应用，在网络攻防对抗与核心资产业务防护中凸显重要价值。

新机遇新动能助推网安产业繁荣，数据安全领域蓄势待发。未来3~5年，随着数字经济新模式和新业态的蓬勃发展，在制度落地和技术创新等多重因素推动下，我国信息安全将迎来产业新机遇和市场新动能，信息安全产业规模将保持高速增长。作为信息安全产业的重要组成部分，数据安全领域将迎来发展契机，2022年2月，国家"东数西算工程"全面启动，实现数据全生命周期安全将成为重中之重。从市场来看，无论是综合型信息安全企业还是专精型数据安全厂商，均在加速布局数据安全领域。随着应用领域的不断扩展、需求的不断释放以及理论研究的不断深入，数据安全领域将步入放量增长"快车道"。

信息安全产业发展关键主要包含以下几个方面。

（1）标准。信息安全产业对标准具备高依赖性，只有满足多方标准的信息安全产品才能够适用于各行各业。等保 2.0 政策虽然大大提升网络安全体系标准化，但实际落地性差，安全标准孵化需多方合作，发挥全产业协同效应。

（2）性能。当前信息安全产品基本可以满足客户需求，但高端需求仍无法满足，安全产品的二次封装可能造成计算机整体的性能损失，安全技术仍需创新发展。

（3）资源。产业链国产化适配是诸多厂商研发资源倾向的方向，也是未来技术创新关注的重点。跨行业的资源共享、安全厂商的合作加深持续赋能信息安全产业。

（4）生态。联合需求端，发挥业务驱动作用；联合供给厂商，推动国产化产品的适配调优；联合教育机关，建设多层次信息安全人才队伍，推动信息安全产业可持续发展。

5.3 信息安全厂商及产品特点

5.3.1 信息安全行业背景

相关统计数据显示，每千行代码中就有 4~6 个漏洞。由于国产化产品大量基于开源软件构建，其供应链、生态中软硬件后门不可杜绝。此外，大量使用未经大范围安全考验的开源软件，同样使得大部分国产化产品自身安全性较为脆弱。

攻击者已经从最早的没有特定动机和目标的"白开心"，到被经济利益驱使以逐利为目标的"小毛贼"，再到具有复杂动机的围绕政治、经济和军事等国家安全目标的"大玩家"。眼下，具有国家背景的 APT 组织正日益猖獗，由于 APT 攻击具有极强的隐蔽性，通常以窃取国家敏感信息和机密信息为目标，其攻击危害不容忽视。

更值得注意的是，国产化产品的用户大多是我国党政军，交通、能源、金融、医疗、公共卫生等关键基础设施单位，这些单位的业务系统具有极高价值，关系国家安全和国计民生。由于用户的特殊性，使得其极易成为攻击者的首选攻击目标。对手具备足够的动机对我们实施攻击。

5.3.2 国内主流信息安全厂商

随着互联网云计算渗透率的不断提升，信息安全逐步进入网络空间安全时代。

2019 年 12 月 1 日，网络安全等级保护"三大核心"标准（基本要求、测评要求、实施要求）正式实施，意味着网络安全等级保护工作进入 2.0 时代。等保 2.0 注重主动防御，从被动防御到事前、事中、事后全流程的安全可信、动态感知和全面审计，实现了对传统信息系统、基础信息网络、云计算、大数据、物联网、移动互联网和工业控制信息系统等级保护对象的全覆盖。等保 2.0 与等保 1.0 差异见表 5-1。

表 5-1　等保 2.0 与等保 1.0 差异

	等保 1.0	等保 2.0
监管范围	信息系统	网络基础设施、信息系统、大数据、物联网、云计算平台、工业控制系统、移动互联网等
基本要求（要求项）	技术要求：物理安全、网络安全、主机安全、应用安全、数据安全及备份恢复； 管理要求：安全管理制度、安全管理机构、人员安全管理、系统建设管理、系统运维管理	技术要求：安全物理环境、安全通信网络、安全区域边界、安全计算环境、安全管理中心； 管理要求：安全管理制度、安全管理机构、安全管理人员、安全建设管理、安全运维管理
定级要求	自主定级	自主定级后由公安机关组织成立的网络安全等级保护专家进行评审
测评周期	三级每年一次，四半年一次	三级（含三级）以上系统一年一次
评分	60 分以上	75 分以上
新增要求	——	安全管理中心、主动防御、可信计算、态势感知、自主可控

信息安全具有较强的伴生属性，全新的技术将带来全新的应用场景。随着云计算技术的普及、渗透率的不断提升，针对云计算多租户、虚拟化等新特点衍生出的新安全防护技术正在逐步落地，如数据中心的微隔离、CWPP、基于云服务供应商与消费者之间的 CASB、云安全的态势管理 CSPM、基于虚拟化技术的云安全资源池等。

目前，我国信息安全行业的集中度较低。在各细分领域，有深信服、启明星辰、奇安信、绿盟科技、天融信、新华三等领军企业。随着云计算的发展壮大，互联网厂商逐渐成为信息安全的主力军。其中，阿里巴巴和腾讯通过整体业务协同参与到网安市场，以增加其云计算业务的竞争力；奇虎 360 作为老牌的信息安全厂商，则是通过政企安全服务以"安全大脑"为核心力推网络安全运营服务。此外，在零信任、数据安全、云安全、工控安全、物联网安全、开发安全、业务安全、威胁检测与管理、安全 SaaS 服务和网络靶场等领域的企业如雨后春笋般涌现，说明安全领域具有强技术推动性和高资本关注度。产品是竞争力的决定性因素，产品功能一体化、可提供整套解决方案和服务将是未来发展趋势。2020 中国信息安全主要功能子市场占有率情况见表 5-2。国资入股信息安全行业情况见表 5-3。

表 5-2　2020 中国信息安全主要功能子市场占有率情况

产业形态	产品分类	第一名	第二名	第三名
硬件	防火墙	新华三	华为	天融通
	同意威胁管理 UTM	网御星云	深信服	奇安信
	入侵检测与防御 IDS/IPS	启明星辰	绿盟科技	新华三
	VPN	深信服	天融通	启明星辰
	安全内容管理	深信服	奇安信	新华三
软件	终端安全软件	奇安信	亚信安全	奇虎 360
	身份与数字信任软件	吉大正元	亚信安全	数字认证
	政企浏览器	火狐	奇虎 360	海泰方圆

表 5-3　国资入股信息安全行业情况

国资背景	时间	信息安全企业	具体情况
国投智能	2019.4	美亚柏科	国投智能直接持有美亚柏科 1.25 亿股，占总股本 15.79%，拥有 22.59%表决权，变更为美亚柏科实控人
中国电子信息产业集团	2019.5	奇安信	CEC 与奇安信签订战略合作协议，以人民币 37.31 亿元持有奇安信 22.59%股权，成为其第二大股东
中国电子科技集团	2019.8	绿盟科技	CETC 全资子公司电科投资通过竞价交易方式增持绿盟科技 1.6292%股权，电科投资及其一致行动人中电基金、网安基金合计持有绿盟科技 15.5%的股权，成为第一大股东
中电科（天津）网络信息科技合作企业	2019.11	南洋股份	以 13.77 元/股作价 7.99 亿元协议入股南洋股份

5.3.3　信息安全产品矩阵

　　信息安全厂商活跃在信息化产业链的各个环节，是软/硬件层重要的安全保障。我国信息安全市场集中度低，诸多安全厂商长时间共存。按网络通信七层协议划分，安全产品主要部署在链路层、网络层、传输层及应用层等，产品体系丰富。由于信息安全技术相对复杂，行业客户会选择不同厂商优势产品，实现信息和资源的互联互通，保证计算机软硬件的安全性，所以对于信息安全厂商，强大丰富的安全产品和优秀的协同能力缺一不可；未来信息安全支持厂商服务模式将更多以标准化安全软硬件加定制化解决方案的形式落地，针对不同行业客户业务板块、性能、保密协议要求的不同，将持续打磨产品体系，增强行业落地能力，进一步强化信息安全底座。国内信息安全产业链概览如图 5-4 所示。

图 5-4　国内信息安全产业链概览

5.4 与信息安全相关的就业岗位

1. 信息安全软件开发工程师

信息安全软件开发工程师主要负责系统设计和开发各种信息安全相关软件，包括加密、认证、审计、入侵检测、入侵防护、深度包检测、网络管理等。

2. 信息安全工程师

信息安全工程师主要负责企业信息安全体系项目的规划、建设、运维及优化管理工作；梳理、评估企业信息安全管理水平，推进信息安全管理体系建设；负责设计企业的安全政策、制度与流程，规范信息技术应用的安全规格和标准；负责企业内部信息安全技术平台和相关产品及项目的引入实施、对接、推广和运营维护；负责对整体信息架构安全隐患的挖掘、追踪与消除，预防并处理信息安全事件；负责定期进行系统和应用安全检查，配合完成等级保护测评工作，并提交安全测评报告及优化建议等。

3. 信息安全售前工程师

信息安全售前工程师主要负责企业的信息安全系统建设售前咨询、用户需求对接、投标、项目跟踪等工作；负责向用户介绍信息安全系统建设解决方案、部门产品及服务等；负责为用户提供技术交流，规划信息安全解决方案等。

4. 信息安全审计工程师

信息安全审计工程师主要负责企业的信息安全审计；负责集团信息安全风险评估；负责集团信息安全事故处理；负责集团信息安全大数据分析平台建设及运营；负责数

据分析及系统联动分析，反推信息安全风险等。

5. 信息安全产品测评工程师

信息安全产品测评工程师主要负责根据相关信息安全标准和实施规则，主要负责对相关安全产品进行安全性测评，撰写测评报告，典型的安全产品包括但不限于芯片、嵌入式软件、操作系统、可信执行环境等；负责解读检测标准、实施规则，研究相关测评技术，并根据需要编写测试用例和作业指导书；参与自研检测设备的开发和维护工作，基于现有平台进行二次开发。

6. 信息安全服务工程师

信息安全服务工程师主要负责参与客户的渗透测试、安全加固、应急响应等信息安全服务工作；能针对风险点进行复现和安全演示；负责安全咨询类项目支持，如体系建设、风险评估、安全规划的实施等；负责撰写各类安全服务报告及相关说明文档、技术方案；负责等级保护项目的验证测试工作等。

 本章小结

通过学习本章内容，读者可以了解信息安全的概念，对信息安全相关知识有一个清晰的认知；了解信息安全所涉及的行业背景、信息安全产业的发展历程、信息安全的重要性、发展机遇与挑战等；了解信息安全人才需求及相应的岗位职责；能够对当前我国信息安全市场、产业布局和参与企业等情况有全面的了解，对信息安全产业的人才需求和岗位职责有初步的认识。鼓励相关专业学生及行业人员积极投身于信息安全行业，推动我国信息技术基础设施的自主创新。

思考题

1. 为何要大力发展信息安全产业，其作用是什么？

2. 利用本章学习到的信息安全相关知识，您觉得生活的哪些方面还需着重关注信息安全？有哪些好的建议？

第6章
产品适配与系统集成

随着信息化产业的推进，越来越多的软/硬件厂商着力于适配上下游，将各个分离的设备、软件和信息数据等要素集成到相互关联的、统一和协调的系统之中。产品适配是信息化产业的长期任务，是一个非常重要且在产业发展中长期持续的工作；系统集成作为一种新兴的服务方式，成为近年来信息服务业中发展势头最猛的一个行业。这两个概念都有哪些奥秘，一起来探究一下吧。

6.1 产品适配

场景 ●●●

某集成项目中，业主单位为了推进 IT 系统创新建设，硬件层面采购了某国内品牌计算机，软件层面采购了国内的电子公文版式阅读系统和打印系统。电子公文版式阅读系统上线后，发现在阅读公文时翻页会出现不同程度的卡顿、无响应等情况，一定程度影响了员工的正常办公。经过软件厂商的多次调试，发现电子公文版式阅读系统和国内品牌计算机存在兼容问题，随后通过将电子公文版式阅读系统在终端上适配，开发出对应升级补丁包后才解决了此问题。

想一想 ●●●

1. 信息化工程项目中，软/硬件服务是否需要提前进行适配测试？
2. 适配测试的适配方法有哪些？

6.1.1 产品适配的概念

产品适配是指不同平台设备的匹配，这其实是从硬件角度上来说的，在不同的技术路线上，安装不同的操作系统、数据库和中间件，软件在其上能够安装运行，满足可移植性。接下来从软件角度来看，基于确定型号的设备，对于使用浏览器访问的服务，同一个型号的设备可能运行不同的浏览器，不同的浏览器会有差异性，保持在大部分浏览器都能展现出人们希望的样子；对于客户端软件，要能与系统和系统中的其他软件并存。

在一个信息化工程项目中，从单个产品部署到整体环境，再到应用系统上线，在整个项目周期中，适配是该项目最关键的环节。一个系统只有在运行使用起来后才能带来价值。这个系统的自我价值实现，必须让用户对其建立起信任。一个不能被业主单位真正接纳的系统很难实现其预期的价值。软件适配测试可以建立一种质量保障，确保软件能按预期的要求运行。通过适配测试，尽早发现系统的缺陷并确保其得到正确修复，降低信息化风险，让系统能够被业主单位真正接纳，是业主单位推进 IT 系统部署的重要保障，是"保工程促产业"的重要手段。

6.1.2 产品适配的特点

1. 产业驱动引导，适配需求量大

根据相关数据可知，我国信息化产业生态市场实际规模 2020 年为 1617 亿元，预计未来五年将保持高速增长，年复合增长率为 37.4%，2025 年将达到 8000 亿元规模。从 2020 年各细分领域市场规模来看，基础设施最高达 718 亿元，其次是底层硬件类为 607 亿元，企业应用类为 192 亿元，平台、安全和基础软件方面的市场规模仍然较小。

在国产信息化的背景下，适配需求量大幅增加，国内厂商生产的产品之间的兼容性和协同性成为影响产业发展的关键因素。为了确保产品的稳定运行和高效协同，需要进行充分的产品适配。无论是新兴技术领域还是传统产业，都需要进行大量的适配工作以实现与各类信息系统的互操作性和集成性。从硬件设备到软件应用，从云服务到物联网，每一个环节都需要经过细致的适配才能满足实际业务需求。这不仅有助于提升产品的性能和用户体验，还有助于推动整个国产信息化产业的健康发展。

2. 产业链丰富，适配涉及面广

信息化产业链主要分为基础设施（芯片、PC/服务器、存储等）、基础软件（操作系统、数据库、中间件等）、外设、应用软件（ERP、办公软件、政务软件等）、网络安全（边界安全、终端安全等），核心环节包括芯片、PC/服务器、存储、中间件等。基于国内厂商的平台的终端全栈架构包括硬件层、固件、操作系统、驱动层和应用层，各种设备、软件及其部署模式构成了一个庞大的"生态系统"。信息化产业更加强调生态体系的打造，核心逻辑在于形成以 CPU 和操作系统为核心的生态体系，系统性地保证整个信息技术体系可生产、可用、可控和安全。目前，正在开展基于 CPU 和操作系统的适配工作，核心技术生态已初步形成。

3. 产品更新快，产品兼容性不足

从用户角度来看，信息化生态主要短板是应用范围过窄、兼容性差、可扩展性不强、性能无法满足要求和通用性差等方面；从国内厂商角度来看，产品生态主要存在的短板则是可扩展性不强、性能无法满足要求、兼容性差、价格过高、技术不成熟等问题。比较供需两端的认知可见，兼容性、可扩展性和产品性能是公认的产品生态短板。

4. 项目集成度高，适配难度大

随着信息化产业的快速发展，在各行各业中的应用不断得到推广和使用，用户企业同时加大了对国产产品的需求，由于很多业务系统都需要现场适配测试，大大增加了适配的难度。

6.2 适配测试应用

适配测试应用不单单体现在信息化项目上，国内各大厂商也针对信息化产品及项目推出了适配认证平台，通过规范适配测试过程，完善适配测试方法，最大程度上解决了产品之间的兼容性问题，保障了系统之间的稳定运行。

下面将从国内厂商的适配情况和适配方式、国内各类产品集成应用的适配方法和适配评测标准三个方面来介绍适配的应用。

6.2.1 国内厂商的适配情况和适配方式

随着国内各大厂商信息化业务线的开拓，很多业务从 x86 业务主体移植到国产平台上，其中的重要难题之一就是软/硬件一体化深度适配和多重适配问题。目前，软/硬件生态主要与鲲鹏、飞腾、龙芯、海光、兆芯 、申威六大国产芯片进行适配。各应用厂商围绕底层的服务器、终端、操作系统、数据库、中间件、办公软件、外围设备等基础软/硬件进行适配验证。对于应用软件和中间件厂商来说，除了将自身的应用和中间件优化外，还需要和底层操作系统进行适配，比如原来基于 Window 操作系统的应用必须基于新的操作系统重新移植，开发适配；对于操作系统来说，新的操作系统需要替换 Window 操作系统，向上兼容应用软件的运行，向下适配服务器硬件及芯片。

国内厂商的适配情况比较复杂，适配方式也具有多样性，大致有产品互认证、捆绑适配认证、通过第三方平台适配认证这三种适配方式。产品互认证，即两家厂商各自拿产品进行适配测试，验证两款产品之间是否存在功能兼容性问题，比如安超OS2020 操作系统与开江国产化政务协同办公平台互认证。捆绑适配认证，即两个厂家的产品具有很强的依赖性，为了更好地适配上下游的业务链，形成一个组合产品体系进行适配测试，比如 PK 体系。

6.2.2 国内各类产品集成应用的适配方法

国内的技术体系与传统 x86 体系在技术架构上不一致，应用系统和软件由 x86 迁移到国内的技术架构后，在安装、应用功能、界面显示、输入交互、程序稳定性等诸多方面容易出现兼容性问题，因此需要通过软件的适配解决这些问题。尤其是国产领域的集成项目，由于产业生态还不成熟，部分硬件厂商供货周期难以保证，软/硬件产品与传统 IT 项目中的软/硬件产品相比在性能上还存在较大差距，为了提升最终用户的使用体验，软/硬件适配工作尤为重要，需要尽可能根据实际工作配置出最优产品。在这类项目中，一般依托于国内生产的服务器、操作系统、中间件、数据库、终端及相关软件为主要载体。例如，依托于华为鲲鹏、统信 UOS、金蝶、达梦等环境构建的政务 OA 系统。整个系统的适配内容非常多，主要涉及 CPU 芯片适配、操作系统适配、编译运行环境适配、数据库适配、中间件适配等，每个环节的适配方式都不尽相同，各个环节之间也存在较强的选择关系。

1. 硬件适配

硬件适配主要包含服务器适配、终端适配及外设适配，其中服务器适配基本是以 CPU 适配为主体；终端适配主要覆盖 PC 端等；外设适配主要指扫描仪、打印机、鼠键、触摸板等外部设备的适配。

与其说 CPU 芯片适配，不如说是迁移适配策略的选择。国内品牌的 CPU 芯片较多，也具有整机能力，但都有对应的应用场景，龙芯 CPU 的单核性能很强，多用于嵌入式场景；海光基于 x86 架构授权，市场生态更丰富。

华为基于 ARM 架构，研发了五大芯片族，实现全场景布局。如图 6-1 所示，这里以通用 x86 架构业务适配迁移到鲲鹏计算平台为例，分析适配迁移的大体内容和步骤。

迁移适配大致分为四个步骤：

① 在鲲鹏机器上安装合适的操作系统，如 CentOS、Ubuntu 等。

② 安装应用编译运行环境、中间件、数据库等，并解决安装过程中出现的问题。

③ 应用的部署、运行，并解决这一过程中出现的问题。

④ 总结并将记录归档。

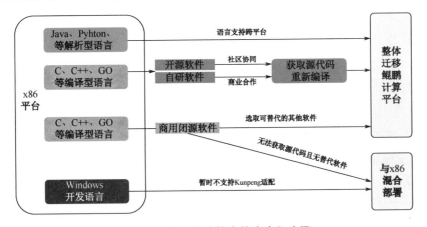

图 6-1　适配迁移的大体内容和步骤

硬件终端及外设适配由于涉及的都是物理硬件产品，适配主体工作主要覆盖单品在不同操作系统之上的功能性验证适配、可靠性验证适配。

2. 软件适配

软件适配主要包含操作系统适配、数据库适配、中间件适配、各类应用软件适配。操作系统适配主要涉及各大厂商开发的不同版本的操作系统；数据库适配主要涉及关系型数据库和非关系型数据库适配；中间件适配主要涉及消息队列、反向代理服务、容器等适配；各类应用软件主要涉及办公、娱乐、互联网软件等适配。

（1）操作系统适配。

国内大部分操作系统都是基于 Linux 二次开发的操作系统。Linux 的全称是 GNU/Linux，是一个可以自由使用和传播的类 UNIX 操作系统。它是一个基于 POSIX 和 UNIX 的多用户、多任务、多线程、多 CPU 的操作系统。Linux 不仅系统性能稳定，而且是开源软件。其核心防火墙组件性能高、配置简单，保证了系统的安全性。随着互联网的发展，Linux 得到了软件爱好者、组织和公司的支持。通过在服务器端适配国内使用的 Linux 操作系统，对适配结果进行适配升级。

国内的桌面操作系统产业链由三部分组成，上游是各种软件开发工具和服务，操作系统主要有桌面端、服务器端、移动端、云端和嵌入式等，应用领域主要是行政、行业和消费者。现阶段，以统信、麒麟为核心的操作系统体系已经建立，金融、教育等行业多有采用。操作系统的适配工作量巨大，适配方法简单，直接在操作系统运行做功能和性能测试即可。

（2）数据库适配。

数据库是按照数据结构来组织、存储和管理数据的仓库型数据管理系统，目前主要分为传统的关系型数据库与新兴的非关系型数据库两类。

在数据库的迁移适配过程中经常会遇到写法不同的数据库，它们支持的函数也不同，在迁移后往往需要投入很大的精力去发现问题，然后进行适配修改。当前的数据库迁移中普遍做法为，根据应用程序的错误提示信息进行修改，修改后不断地重启应用，以使当前的修改配置生效。对于 Oracle 数据库迁移到国内厂商开发的数据库来说，假设国内开发的数据库是分布式数据库，应用系统是面向客户的交易型业务系统，如手机银行、网上银行、聚合支付、直销银行、柜面、核心等，应用适配改造需要和数据结构改造相互结合，需要考虑以下方面。

① 数据结构层适配改造。数据表包括所有应用层和批量层表重构，对表结构进行重新设计适配，重新设计定义表类型和分片字段，适配不同应用场景复杂业务功能。对所有的库表进行重新设计，合理设置主键，表根据分区键字段将数据打散在各个节点，因此主键设置时要从全局和交易局综合考虑，将交易中经常用来关联的字段设置为主键，如客户账户。

② 应用 SQL 层适配改造，主要包括语法语义的改造和 SQL 语句优化改造。

语法语义改造需要进行 Oracle 语法和分布式数据库语法的兼容性改造，主要包括存储过程、函数、字段类型等，确保迁移到分布式数据库系统能运行起来。虽然目前有的数据库支持存储过程，但还是建议将存储过程改造成程序执行，并且优化适配分布式数据库，使其具备高并发易扩展等特性。

SQL 语句优化改造解决了能运行的问题，通过 SQL 语句拆分、关联字段、业务逻辑重构等方式，尽可能减少或避免节点间数据的流动，提升系统并发性能和扩展性能。

（3）中间件适配。

中间件位于底层平台和应用软件之间，是一种跨平台的基础软件。目前，中间件主要用于解决数据传输、数据访问、应用调度、系统构建、系统集成、流程管理等问题。它是一个支持分布式环境下应用开发、运行和集成的平台。随着 IT 行业的发展，很多软件需要运行在不同的硬件平台和异构网络协议上，应用也从局域网发展到了广域网。传统的"客户端/服务器"两层结构已经不能满足需求，于是基于中间件软件的三层应用模型应运而生。在中间层部署中间件的主要目标如下。

① 处理高并发访问和快速响应。

② 屏蔽异构，实现互操作。

③ 数据传输可以加密，提高安全性。

人们在服务器端适配的中间件产品是三期目录产品，很容易移植和替换国内中间件使用的业务应用系统中的中间件。通过一系列的操作配置，国内厂商的中间件产品可以有效地支持业务应用系统，并且兼容国内厂商 CPU、操作系统、数据库等主流国内厂商的软/硬件产品，使得业务应用系统和国内厂商的中间件产品能够很好地兼容和适配，支持用户的正常工作。

3. 项目适配

项目适配主要涉及现有业务系统的利旧迁移适配和全新业务系统适配。

（1）利旧适配。

对于利旧场景的项目，需要基于现有的办公系统、单位网络信息系统针对基础软/硬件产品进行适配迁移，使整个业务应用系统从基础硬件到基础软件（操作系统和数据库）再到上层应用系统实现全栈技术架构，在满足技术合规和安全的前提下，更好地进行后续的实施工作。

业务应用系统适配迁移主要从以下六个方面着手，具体如下。

第一方面是系统调研。调研的目的是充分调研系统使用单位各业务应用系统情况，包括具体应用系统名称、系统功能情况、系统性能指标、系统用户数量、系统安全等级保护等级、系统安全指标、系统部署情况、系统开发语言及系统架构等，同时摸清应用系统使用服务器的资源情况和网络情况，并进行系统适配分析和技术路线选型。了解系统使用单位当前使用习惯现状，包括操作系统、办公套件、安全防护软件等，是否对国内主要平台下的相关软件有所了解。对于大部分用户来说，可能面临着操作模式、使用习惯、用户体验等方面的较大调整。

第二方面是数据整理及转换。数据整理是将原系统数据整理为系统转换程序能够识别的数据。数据整理大致分为两个阶段：第一阶段是将不同类型、不同来源的数据采集备份到统一的数据库中；第二阶段就是将原始数据进行整理，按照不同的要求分类录入不同的中间数据库，为数据转换提供中间数据。数据转换是将整理后的数据，依照对照表的要求进行转换，并写入新系统。这个过程可以通过交换系统实现。

第三方面是操作系统适配。通过对服务器端国产操作系统进行适配，并对适配结果进行适配性改造和升级。

第四方面是中间件适配。中间件适配是基于现有业务系统的中间件功能和性能，选择使用国内主流的中间件系统。如果国内中间件无法满足当前的需求，则需要将原业务系统环境中的中间件迁移到新环境中进行专项的适配调优，以满足业务系统的正常运行。

第五方面是系统架构适配。C/S 架构适配，满足统信 UOS、麒麟等操作系统适配。而 B/S 架构通常分为含插件的 B/S 架构和不含插件的 B/S 架构。不含插件的 B/S 架构可直接进行基于浏览器的跨平台迁移；含插件的 B/S 架构，除基于浏览器的跨平台迁移外，还需考虑插件本身的适配情况，需要获取到插件厂商的支持，必要时涉及源代码的修改。

第六方面是适配自验证。根据应用系统的特点，在内部搭建的测试环境下进行多方面的测试，对操作系统、数据库、中间件、应用客户端、多浏览器、外设等进行适配自验证，以获得良好完善的功能、性能、可用性、兼容性及安全性等，然后实施应用系统迁移工作。

（2）全新适配。

对于上线全新业务系统，不存在软/硬件旧的项目，适配主体工作主要包含业务需求分析、产品选型、系统部署、功性能测试等。简单来说，就是根据项目的需求，选择满足需求的商用产品，在客户的内部环境进行部署测试，确认各项功能指标和性能指标满足项目和客户要求即可。

6.3 适配测评标准

6.3.1 适配测试的定义

适配测试是指测评机构面向厂商送来测评的软/硬件产品提供的一种测评认证服务。测评机构从产品的功能、性能、兼容性、可靠性和易用性等多方面进行测试,以确保产品在新环境下能够运行流畅,在性能、功能、安全性上符合行业标准,达成预期目标,满足安全可控的要求。

6.3.2 适配测试的流程

1. 提交适配申请

厂商提交适配申请及产品相关资料。

2. 沟通测试需求

测评机构对递交材料进行审核,并与用户沟通确认送测产品信息及测试所需环境配置。

3. 送测产品部署

测评机构提供满足用户测试需求的测试环境,厂商进行产品部署。

4. 适配测试

测评机构依据厂商的测评需求对送测产品进行包括但不限于功能、性能、兼容性、可靠性、安全性、可移植性等维度的测评,并输出测试报告和调优建议。

5. 适配测试调优

在适配测试过程中,测评机构为用户提供测试问题指导及联合调优方案。

6. 签发证书、报告

适配测试结束后,测评机构根据测试过程编写适配测试报告并由测试专家评审,完成后签发测试证书和报告。

6.3.3　测评机构

在国产信息化领域，产品的适配性是决定其能否在实际应用中发挥效能的关键因素之一。为了确保产品的适配性，企业需要找专业的测评机构对产品进行全面、客观的评估。这些测评机构不仅具备先进的测试设备和专业的技术团队，还拥有丰富的行业经验和独特的测试方法，能够为各类产品提供精准、可靠的适配性测试和评估服务。通过与这些测评机构的合作，企业可以更好地了解产品的性能表现和潜在问题，为产品的优化和改进提供有力支持。同时，这些测评机构还可以为政府和行业组织提供权威的数据和报告，推动整个国产信息化领域的健康发展。因此，选择一家专业的产品适配测评机构是至关重要的。

1. 国家工业信息安全发展研究中心

国家工业信息安全发展研究中心业务范围涵盖工业信息安全、两化融合、工业互联网、软件和信息化产业、工业经济、数字经济、国防电子等领域，提供智库咨询、技术研发、检验检测、试验验证、评估评价、知识产权、数据资源等公共服务，并长期承担声像采集制作、档案文献、科技期刊、工程建设、年鉴出版等管理支撑工作。

2. 中国电子技术标准化研究院

中国电子技术标准化研究院以电子信息技术标准化工作为核心，通过开展标准科研、检测、计量、认证、信息服务等业务，面向政府提供政策研究、行业管理和战略决策的专业支撑，面向社会提供标准化技术服务。依托赛西实验室、赛西认证、赛西培训、赛西信息服务等平台，面向市场和客户提供专业的试验检测、计量校准、认证评估、培训咨询等服务。

3. 工业和信息化部电子第五研究所

工业和信息化部电子第五研究所可提供从材料到整机设备、从硬件到软件，以及复杂大系统的认证计量、试验检测、分析评价、数据服务、软件评测、信息安全、技术培训、标准信息、工程监理、节能环保、专用设备和专用软件研发等技术服务。实验室具有多项认证、检测资质和授权，建立了良好的国际合作互认关系，可在世界范围内开展认证、检测业务，代表中国进行国际技术交流、标准和法规的制订。

6.3.4　测评标准

适配测试主要参考使用《系统与软件工程　系统与软件质量要求和评价（SQuaRE）第 10 部分：系统与软件质量模型》和《系统与软件工程　系统与软件质量要求和评价（SQuaRE）第 51 部分：就绪可用软件产品（RUSP）的质量要求和测试细则》等软件

测试相关国家标准。测评机构结合软件的自身特点，重新定义软件质量测试模型，建立测评质量要素的要求。

6.4 与适配相关的就业岗位

1. 测试适配工程师

负责服务器相关软件产品适配、测试、测试与验证等，包括但不限于操作系统、数据库、中间件等基础软件，Web 管理系统、大数据、云计算等各类应用软件；负责测试方案编写，设计测试用例；负责测试报告编写，跟踪软件 BUG 并配合研发验证解决方案；负责改进测试方法和测试工具；协助引导客户/伙伴制定软件迁移整体方案与策略。

需要熟悉软件测试，如黑盒测试、压力测试及性有测试，具有编写高效测试用例的经验，善于发现产品 Bug，善于总结用户需求；具有一定技术文档、设计方案的撰写能力，能协助公司销售及技术工程师进行产品的售前技术交流、产品培训、产品文档的编写工作。

2. 软件迁移适配工程师

主要负责软件在各平台上的迁移适配、优化、测试与验证；负责各种交互类外设在龙芯平台上的适配、测试与验证；负责在操作系统下的软件适配测试工作和项目实施过程中的软件安装配置工作，包括相关外设的软件驱动、配置应用。

3. 应用软件适配经理

主要负责项目的 IT 技术方案编写、预算报价、标书的制作并参与投标，协助项目经理解决项目实施中的复杂技术问题。

4. 系统适配工程师

主要针对不同系统及内核版本 GPU 相关适配工作；配合系统厂家完成系统中驱动的合入；解决系统平台下出现的驱动问题；撰写相关设计文档和使用说明文档等。

5. 生态适配工程师

主要负责公司生态合作伙伴解决方案的迁移适配，指导各大厂商适配。

6.5 系统集成

6.5.1 系统集成的概念

所谓系统集成（System Integration，SI），是指通过一系列的行为，将各个单独的组件、信息等，组织成一个相互关联、统一协调的系统，以满足用户应用的过程。本书所讲的系统集成，特指信息化系统集成，是通过结构化的综合布线系统、计算机网络技术、软件开发技术，以及对现有各个分离的设备和系统（如计算机、服务器、传感器、软件等）通过技术整合、功能整合、数据整合、模式整合、业务整合等技术手段，将各个分离的设备（如计算机、仪器、传感器、实验台等）、软件和信息数据等要素集成到一起，形成一个相互关联、统一协调的系统，以完成用户所需要的整体功能，满足用户的性能、安全性、可管理等使用要求。

简单来说，信息化系统集成是一种将离散的软/硬件组织起来，以满足客户最终使用需求为目标的工作。

例如，人们到食堂吃饭需要刷校园卡消费。如图 6-2 所示的食堂刷卡收费系统是由刷卡机、服务器、数据库、线缆、一卡通软件、计算机等软/硬件组成的，直接把这些软/硬件堆叠到一起是无法进行工作的，需要人们对其进行合理的组装、连接和调试，以实现其收银和管理的功能。人们所进行的组装、连接、调试等工作就是信息系统集成。

图 6-2 食堂刷卡收费系统

6.5.2　系统集成的发展历史

1. 系统集成

系统集成技术的概念最早出现于 1973 年，那时候计算机才刚刚出现，人们更关心如何用计算机帮助企业生产管理，提高生产力。纯粹单个的计算功能无法满足企业组织、管理生产的要求，要把计算机应用在企业管理中，需要有整体观（系统观）和信息观。整体观是指企业生产的各个环节是一个整体，计算机应该系统性地支撑各种功能，比如生产用的计算机和存储用的计算机是有关联和分工的，需要提前规划好它们的功能、工作的先后顺序、分别侧重解决的问题等；信息观是指在辅助企业生产时，计算机实际上需要对一系列信息进行获取、传递和处理，人们要考虑哪些信息是需要和可以输入计算机中，计算机处理完的结果需要输出到哪里，人们利用这些信息可以解决什么问题等。信息化系统服务企业运营如图 6-3 所示。

图 6-3　信息化系统服务企业运营

早在 20 世纪 80 年代，我国的信息化应用就已逐渐展开，航空、金融、邮电等领域率先开始采用信息化系统管理企业和组织生产，其使用的信息化产品和系统绝大部分为国外产品。到 20 世纪 80 年代末，随着通信行业的"巨（巨龙）大（大唐）中（中兴）华（华为）"、计算机行业的"方正""联想""同方"、软件办公行业的"金山""用友""金蝶"等国内企业的创立，中国的信息化版图初步展开。与此同时，国内信息化系统集成技术也随之发展，专做信息化系统集成的企业也逐步出现。

基于初期的实践，业界对计算机系统集成又提出了新的定义。将信息技术、现代管理技术和制造技术相结合，并应用于企业产品全生命周期（从市场需求分析到最终报废处理）的各个阶段。通过信息集成、过程优化及资源优化，实现物流、信息流、价值流的集成和优化运行，达到人（组织、管理）、经营和技术三要素的集成，以加强企业对新产品开发的时间、质量、成本、服务、环境等控制，从而提高企业的市场应变能力和竞争能力。

近 30 年来，系统集成已成为我国各行业信息化建设中不可或缺的环节，小到一个企业、一栋建筑的建设，大到如"金税工程""金盾工程"等全国性信息化建设、"智慧城市"等区域性信息化建设、"阿里巴巴""京东""国家电网""铁路"等行业性信息化建设，系统集成在其中均起到了关键的作用。

当前国内的大小系统集成企业数以万计，"太极""浪潮""中国信科""神州数码""东华""东软""航天信息""同方""紫光"等大型系统集成商不断发展壮大，已成为行业中的龙头企业。

2. 项目管理

人们所做的系统集成工作都是为了实现某些特定的目标。人们一般把这种工作任务称为"项目"。在系统集成技术中，非常关键的一项工作便是"项目管理"。

项目管理的理论、方法、工具不仅是用在信息化方面，其概念的提出远早于计算机的出现。

20 世纪初，Henry Gantt 发明了甘特图，通过条状图来显示项目、进度和其他与时间相关的系统进展的内在关系随着时间进展的情况，是业界认为最早的项目管理工具。甘特图示例如图 6-4 所示。

项目时间节点规划计划进度表甘特图

序号	项目进度名称	开始时间	所需时长	结束时间	说明	备注
	项目计划	2021/12/23	3	2021/12/26		
	需求分析	2021/12/26	10	2022/01/05		
	系统设计	2022/01/05	30	2022/02/04		
	软件开发	2022/02/04	80	2022/04/25		
	系统测试	2022/04/25	20	2022/05/15		
	系统试运行	2022/05/15	10	2022/05/25		
	培训及优化	2022/05/25	30	2022/06/24		
	项目验收	2022/06/24	3	2022/06/27		

图 6-4　甘特图示例

后来不同的组织和个人不断开发出新的工具和理论，其中的很多工具和方法一直沿用至今。

20 世纪 80 年代至今，项目管理理论和方法逐步完善，在全球形成了完整的人才培养和培训认证体系，在国内比较流行的有 PMP、IPMP、软考信息系统项目管理师（高级）和软考系统集成项目管理工程师（中级）等。

除了对个人的专业资格进行认证，国家相关管理部门对信息系统集成项目也进行了规范和要求。21 世纪初，国内对国外的相关理论和方法进行了引入和本地化改进，开始实施"计算机信息系统集成资质管理制度"，推行"项目管理制度"和"信息系统工程监理制度"，对国内的信息化集成行业进行了规范，也推进了国内系统集成技术能力的进一步提升。其中"计算机信息系统集成资质"在 2019 年取消，转变为"信息系统建设和服务能力评估体系（CS）认证"。

6.6　系统集成项目的管理与执行

6.6.1　系统集成项目的特点

人们围绕系统集成项目所进行的管理和执行工作，都是为了成功实现项目的目标。

制约项目成功的四个因素是"范围"、"时间"、"成本"和"质量"。所谓的"范围"是指项目做什么，比如要实现哪些功能；"时间"是指项目需要什么时间完成，比如何时系统上线、何时验收、运维多长时间等；"成本"是指如何控制整个项目的成本，防止项目执行时造成预算超标；"质量"是指项目功能实现后，是否可以稳定运行，功能性能能否满足客户的使用等。所以，项目管理是一项复杂的工作，需要人们建立专门的项目组织，合理安排资源，运用项目所需要的知识、技能、工具和技术来保证项目的成功。

项目的一个特征是"独特性"，每个项目都与其他项目不同，所以在执行过程中永远会遇到不同的要求和问题，导致项目存在着不确定性。项目管理的过程是要将不确定的任务转换为确定的行动。为了保证系统集成项目的执行是可预期的、可控制的，需要进行项目管理。经过多年的研究和实践，项目管理领域形成了一系列详尽的方法论，包括项目整体管理、项目范围管理、项目进度管理、项目成本管理、项目质量管理、项目人力资源管理、项目沟通管理、项目风险管理、项目采购管理、项目相关方管理等管理工作内容。这些管理工作基本涵盖了一个系统集成项目的方方面面，这些方法、工具和技术紧密围绕制约项目成功的"范围"、"时间"、"成本"和"质量"四大因素，为项目的成功保驾护航。

国产产品系统集成项目与传统项目并无本质区别，只是信息化产业在当前阶段的一些特征，决定了在项目管理的某些环节要格外重视，在部分环节需要增加一些额外的手段，以保证项目的顺利执行。

国产产品系统集成项目与传统项目现阶段的区别主要体现在两个方面。一是当前国产设备的生态还没有完全成熟，各类厂商之间还未做到全面的适配和兼容，在项目执行时要着重和提前论证厂商软硬件之间的适配兼容情况；二是当前信息化产业发展迅速，国产产品的产能有时无法完全满足市场的需求规模，需要关注所选产品的供货能力，以保证项目进度。这两个差异都是由我国信息化产业现在的发展阶段决定的，一个新产业的成熟需要很长的时间，这些问题也会长期存在，所以人们有必要学习和了解，如何在系统集成项目的管理执行中规避这些差异带来的问题。

6.6.2　信息化项目需要重点关注规划设计和方案论证

以一个学校建设食堂刷卡收费系统为例。整个系统由刷卡机、服务器、数据库、线缆、一卡通软件、管理用计算机等软/硬件组成。如果其中的服务器、数据库、计算机均采用非国内厂商生产的产品，那人们基本无须考虑软/硬件的适配兼容问题，因为其生态完备，各厂商产品间完全兼容，在为客户做方案设计时只考虑功能实现的问题即可。如果要采用国内厂商生产的产品，在现阶段则要考虑各品牌的服务器用的 CPU 和操作系统、数据库是否兼容、一卡通软件能否在此服务器上安装等。也就是说，人们需要在前期确认好方案具体产品的型号，并确认其兼容性。

所以在国产产品的系统项目中，其适配验证成了其最关键的环节之一。如果每个项目都需要进行适配性验证，成本是不可接受的，所以从政府到行业，从研究机构到国内厂商，纷纷在全国各地都建设了相当多的"适配中心""技术攻关与测试中心""生态实验室"等机构。这些机构一方面能提前对各个厂商的产品兼容性进行测试，形成权威性的报告，供用户单位和系统集成企业使用，另一方面也可以低成本地承接特定项目的前期方案的验证测试。

系统集成的从业者除了需要重点关注前期规划工作，还应该随时了解信息化产业的生态发展，了解不同厂商的产品特点和技术路线，尽量选择互相兼容和适配过的产品组合，以降低信息化项目建设的风险。

对照项目管理的方法和阶段，假设执行项目时采用的项目生命周期模型是 V 模型，如图 6-5 所示。那么各个阶段的执行方法都要根据项目的特征进行调整，其中概要设计阶段尤为重要，在概要设计阶段开始后，需要先进行方案的论证和适配测试，以保证所选的国内厂商生产的产品可以满足用户的需求。

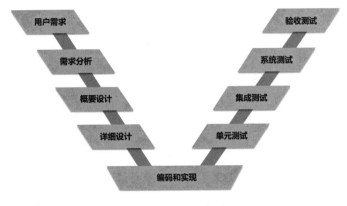

图 6-5　V 模型

6.6.3　系统集成项目需要重点关注管理环节

当前的信息化产业发展较快，每年的市场规模增长经常超过厂商的预期，导致厂商产能准备不足。同时，由于国内厂商生产的产品还处在不断优化阶段，厂商对于产品版本的更迭也在持续进行，有些产品的更新规划和生产规划与市场需求有一定错位，这就会造成市场上出现缺货的现象。

对于传统系统集成的从业者来说，信息化产品的供应链庞大而完备，产能是极其充足的，极少会出现缺货的情况，所以在进行项目的采购管理时较少关注产品的缺货现象。

当其转做国产产品系统集成时，如果在做方案设计和规划时不考虑所选产品的产能，极有可能陷入整个项目被一个缺货无限延期，不得不推翻前期设计而重走商务流程的尴尬境地。

另外，有时的情况是，此产品有一定的产能，本来承诺可按时供货，但因为项目管理者未注重跟供货厂商的紧密沟通，导致货被其他优先级更高的项目协调走，造成供货推迟和延期。

所以，国产产品的系统集成项目的此类特点要求要重点关注项目风险管理、项目进度管理、项目采购管理和项目沟通管理等管理环节。

在项目开始前，要对风险进行规划、识别和定性定量的分析，要对规划的风险设计应对的方法，同时在项目执行的过程中持续对风险进行监督与控制。比如，前期可能认为某类产品缺货的可能性很大，那就应提前考虑是否有备选产品，那在前期方案论证时就应同时对备选产品也进行论证和适配。

在进行项目进度管理时，在排列活动顺序、估算活动资源、估算活动持续时间、制定进度计划等方面要充分考虑产品供货周期和调试时间的影响，做好余量，不要让产品供货问题成为整个项目进度的瓶颈。

在采购管理方面，平时最常碰到也是采购到货的问题。因此在实际执行项目时，要对到货时间做尽量精准的约定，并通过商务价格、回款速度、合同违约条款等多方面的条件来保证约定的实际执行。

项目沟通管理是项目中非常重要的工作，是决策和计划的基础，是组织和控制管理过程的依据和手段，是建立和改善人际关系必不可少的条件，也是项目经理成功领导项目的重要手段。尤其是对于新类型项目，前期的风险需要告知与项目相关的所有人，为保证进度需要跟项目组成员做高频的沟通，采购方面要跟供应商商谈条款、强调要求。所有的这一切都离不开合适时机、合适时间、合适参与者、合适方式的沟通。

当然，在其他管理环节上也应充分考虑和关注项目的特点。

随着国产产品系统集成项目的增多，会有更多其他问题逐渐显现，也相应地会有更多应对的理论和方法发明和实践，但其核心永远是围绕"范围"、"时间"、"成本"和"质量"四大要素，方法和工具都可以根据实际情况灵活使用。

6.6.4 信息化项目需要关注信息安全保护

由于当前国内厂商生产的产品还未完全成熟，因此其系统的漏洞较多，被实施网络攻击的可能性便会大大增强。因此在实施其系统集成项目时，需要关注信息系统的网络安全防护。其中需要重点关注的有两个方面，分别是操作系统、数据库、中间件等基础标准化软件产品，以及基于信息技术基础设施之上的应用软件。

网络攻击的手段有很多，其中利用系统漏洞获取用户权限、篡改文件等攻击方式十分常见。对于操作系统、数据库、中间件等基础标准化软件产品厂家，都有专门的部门和团队跟踪、收集、研究和解决相关安全问题，但产品的安全度提升是长期积累和优化的过程。虽然当前国内企业所开发的基础软件系统的安全度已经很高了，但在个别方面仍需不断优化。因此，在做国产产品的系统集成项目时，对安全防护方案需要做更有针对性的设计，以保证系统的安全性。

当前，基于国内软件企业技术水平不断提升、成本控制较好、本地服务方便等优势，国内大部分行业的业务应用软件都会选择国内企业进行开发和服务。但对于应用软件来说，尤其需要定制化开发的软件，由于开发厂商的水平不一，采用的技术架构多样，很多也会直接使用很多开源模块，其安全防护的要求会更复杂一些。尤其是在做通信集成项目时，软件开发企业还需要多做一部分与基础软硬件产品的适配工作，多数要涉及核心代码的修改，容易产生一些缺陷和漏洞。当前市场上有很多针对应用软件产品的安全问题的技术和厂商。有的厂商从软件系统漏洞扫描、软件代码级缺陷扫描、软件开源成分扫描等方面对软件系统的安全性进行检测和评估；有的厂商从外部威胁防护、防止文件篡改、攻击监测阻断等方面对系统进行防护。这些安全防护产品对当前国产信息系统的安全防护起到了很好的补充和提升作用，在能源、金融、汽车等对安全要求高的行业已有广泛应用。

6.7 与系统集成相关的就业岗位

1．系统集成工程师

系统集成工程师主要负责客户系统集成、网络安全类项目实施过程资料的对接沟通与辅导；负责与客户方项目负责人或技术人员沟通，了解项目实施中的技术要求，对项目技术资料的完整性进行技术指导或辅助整理与修改；负责项目的前期需求分析，工业设备联网方案设计，数据采集方案设计，系统集成及蓝图方案设计；负责技术方案的总体评估与决策，对可行性方案进行论证，预测和把控技术风险；负责项目整体进度把控。

2．系统集成实施工程师

系统集成实施工程师主要负责系统集成项目现场实施管理；组织完成项目的勘察、深化设计、组织项目实施工作，对项目实施的进度、质量、成本等进行把控；对项目分包工程的质量、进度、安全等实际负责；负责对实施队伍进行技术培训，定期汇报项目实施情况；能够合理纠正进度偏差，保障项目按期完工，处理实施现场的突发事件。

3．系统集成项目经理

系统集成项目经理主要负责公司系统集成项目实施的全过程管理；负责掌握项目实施进度、质量情况，负责指导、协调、解决项目中出现的技术和管理问题，保证项目的正常进行，确保公司项目计划按时完成；负责项目的组织和实施、协调各种资源；负责设备选型，保障项目开发工作和开发进度；组织完成系统集成项目的现场实施及培训工作。

4．系统集成销售经理

系统集成销售经理主要负责计算机系统集成业务的项目销售工作；积极协调、配合公司相关部门在项目开展各阶段的工作。

本章小结

　　本章节聚焦信息化产业中的产品适配与系统集成两部分，讲述了产品适配、适配测试应用、适配评测标准、系统集成、系统集成项目的管理与执行等内容。在此基础上，总结产品适配与系统集成相关的就业岗位，让想从事相关工作的读者，对岗位需求有了一定认知。

　　通过概念的学习，逐步理解应该掌握哪些必备的岗位知识。

 思考题

　　1. 简述国内厂商生产的产品拿到测评机构进行适配测试的大致流程。

　　2. 简述系统集成项目管理的主要工作内容，其每一项工作内容都是为了解决哪些问题。

　　3. 一个系统集成项目的项目经理需要具备哪些基本的知识和技能？要成为一个优秀的项目经理，需要提升哪方面的能力？

第 **7** 章

新一代信息技术的典型应用

当今世界，信息技术创新日新月异，以数字化、网络化、智能化为特征的信息化浪潮蓬勃兴起。新一代信息技术特别是云计算、大数据、物联网等与人类的生产、生活交汇融合，不仅改变了人类社会的生产、生活形态、也催生了现实空间与虚拟空间的信息社会。大数据、云计算、物联网等新兴技术的不断创新，引领互联网并促进信息技术在各个领域得到广泛应用和发展。

7.1 云计算

场景 ●●●

> 　　铁路 12306 是世界上规模最大的实时交易系统之一，被誉为"最繁忙的网站"。每年春运时，受春运提前、预售期缩短、客流叠加等因素，春运期间每次订票交易平均响应时间为 0.5 秒、网站 PV 值每天能超 400 亿次，铁路 12306 作为规模量最大的实时交易系统，高流量和高并发一直是需要解决的关键问题。铁路 12306 采用混合云架构，引入公共云，通过"云查询"扛住了每天多达 250 亿次的访问。云计算为春运高峰期提供充足的流量空间，避免了因为高并发流量冲击导致的卡壳、宕机；在请求次数减少时，可以缩减云计算资源，节省大量的成本开支。

想一想 ●●●

　　铁路 12306 网站，实现了资源整合，物尽其用，也提供了按需分配及支付的服务模式。像水电一样，从开始使用到结束使用进行度量，用户登录应用入口就可以直接使用应用，甚至不用在本地安装应用，就像打开水龙头就可以用水一样，然后付费，它本质是按需服务，按需付费的模式。用水、电等来比喻云计算，就是你不需要购买发电设备、打水设备，只要线路和管道铺好，想用多少随时买随时用。要深入理解云计算及其相关技术，必须从"云"和"计算"的内涵出发，从技术特点和商业模型角度综合思考。

7.1.1 云计算的概念

　　很多杀毒软件都可以称得上是云计算，安装杀毒软件后，本地会下载一些病毒库和木马库，如果有可疑代码，可以提交上去，它在云里会有更多的病毒库帮用户查杀，最后再返回结果。很多免费的邮箱也可以称为云计算项目，也有的是付费的邮箱，无须知道服务器在何地，无须过多设置。有些厂商提供在线的文档编辑和保存，也是云计算的应用。

　　云计算包含"云"，即商业层面；也包含"计算"，即技术层面。把云和计算相结合，把 IT 基础设施封装为公共实例，在不需要预先安装和维护任何计算资源的情况下，用户能够通过互联网按需获取实例使用相应基础设施，因此，形成了云计算的主要特点："网络化""服务化""灵活化"。"网络化"表明云计算对网络的依赖和呈现形态，主要体现在计算资源动态可扩展和便捷实用模式两方面；"服务化"是指云计算作为一种完成计算的商业模型，应满足"供—需"双方的交易需求和经济化目标，不仅方便供应商专心提升服务质量，还方便用户订购服务；"灵活化"是指"按需供给和购置"，体现了云计算的灵活性，服务提供商一方面根据自身特长组织和优化服务资源配置，并根据用户需求和资源订购状态制定营销策略和资源调度机制，进而实现自身效益最大化。

　　云计算是一种模型，实现无处不在、方便、通过网络按需访问的可配置的共享计算资源池（如网络、服务器、存储、应用程序和服务），这些资源可以快速提供，通过最小化管理成本或与服务提供商进行交互，具有支持创新提速、资源弹性、易扩展等特点。用户可按需购买，能够方便地根据业务发展及时调整，降低运营和维护费用。

　　在未来的技术创新中，人们应以实现计算资源合理组织和按需供给作为该领域技术创新的出发点，以满足各种用户的"计算"需求为根本创新目标，以建立合理运营模式保障云计算可持续发展为核心创新模式。

7.1.2　我国云计算的发展现状及趋势

　　随着云计算的技术和产业日趋成熟，全球云计算市场规模总体呈现稳定增长态势，而我国云计算市场虽然起步较晚，在当前云计算的核心技术方面还处于跟跑地位，但近几年增长迅猛。云计算是我国信息技术创新重点发展方向之一。我国云计算产业快速发展，已成为推动经济增长、加速产业转型的重要力量，云计算服务正日益演变成新型的信息技术基础设施，我国云计算呈现出以下发展趋势和特点。

1. 向行业垂直化、属地化发展，私有云、混合云成为新的增长点

　　我国云计算行业已经经历一轮快速成长期，但主要是公有云，尤其是互联网和用户端服务需求快速增长。随着互联网增速放缓和公有云市场的竞争日益激烈，2018年云计算厂商和行业客户都开始意识到企业端互联网和云计算的市场机会开始到来，国内外公有云巨头近年来纷纷推出私有云、混合云、专有云产品。由于对数据的安全性、私密性的重视，公有云很难成为政府和大型企业客户上云和用云的最终选择。同时，5G、人工智能、异构计算、物联网等新兴技术的发展加速了云计算与产业的深度融合，类似政务、医疗、金融、教育、交通、能源、电信、军工等若干大行业都需要相应的行业云建设。

2. 国内软/硬件生态初步形成竞争态势

计算技术领域自主安全的发展，芯片和基础软件至关重要，国内芯片技术的不断提升和逐渐成熟，为适配国内厂商的操作系统提供了良好的基础环境。目前，国内已经有一系列具备生产能力的芯片厂商，包括龙芯、飞腾、鲲鹏和兆芯等，其基础架构也涵盖了从 MIPS、ARM 到 x86 和 Alpha 通行版本，为操作系统、中间件、数据库等基础软件的发展提供了条件。经过多年的技术积累带来的产品实力的提升和本土优势，我国服务器市场主要由国内品牌主导且市场份额持续攀升，同时，鲲鹏和海光等国产芯片生态已开始与英特尔生态形成竞争。

3. 云网融合服务能力体系逐渐形成，并向行业应用延伸

随着云计算产业的不断成熟，企业对网络需求的变化使得云网融合成为企业上云的显性刚需。云网融合是结合业务需求和技术创新带来的新网络架构模式，云服务按需开放网络，基于云专网提供云接入与基础连接能力，通过与云服务商的云平台结合对外提供覆盖不同场景的云网产品（如云专网），并与其他云服务（如计算、存储等）相结合，最终延伸至具体行业的应用。目前，云网融合的服务能力体系已形成，主要包括三个层级：最底层为云专网，为企业上云、各类互联提供高质量高可靠的承载能力；中间层为云平台提供的云网产品，包括云专线、对等连接、云联网等，即基于底层云专网为云网融合的各种场景提供互联互通服务；最上层为行业应用场景，基于云网产品，结合其他类型云服务，向具体行业应用场景拓展，带有明显的行业属性，体现出"一行业一网络"甚至"一场景一网络"的特点。

云计算的蓝图已经呼之欲出：在未来，只需要一台笔记本电脑或者一部智能手机，就可以通过网络服务来实现人们需要的一切，甚至包括超级计算这样的任务。从这个角度而言，最终用户才是云计算的真正拥有者。云计算的应用包含这样的一种思想，把力量联合起来，给其中的每一个成员使用。目前，PC 依然是人们日常工作生活中的核心工具，人们用 PC 处理文档、存储资料，通过电子邮件或 U 盘与他人分享信息。如果 PC 硬盘坏了，人们会因为资料丢失而束手无策。而在"云计算"时代，"云"会替人们做好存储和计算的工作。"云"就是计算机群，每一群包括了几十万台、甚至上百万台计算机。"云"的好处还在于，其中的计算机可以随时更新，人们只需要一台能上网的计算机，无须关心存储或计算发生在哪朵"云"上，一旦有需要，人们可以在任何地点、用任何设备（如计算机、手机等）快速地找到这些资料，人们不再担心资料丢失问题。

7.1.3 "云"在各领域的场景

较为简单的云计算技术已经普遍服务于现如今的互联网服务中，最为常见的就是网络搜索引擎和网络邮箱。网络搜索引擎以"百度"为例，在任何时刻，只要通过移

动终端就可以在网络搜索引擎上搜索任何想要得到的资源,通过云端共享了数据资源。而网络邮箱也是如此,在过去寄送一封邮件是一件比较麻烦的事情,同时也是很慢的过程,而在云计算技术和网络技术的推动下,网络邮箱成了社会生活中的一部分,只要在网络环境下,就可以实现实时的邮件寄发。其实,云计算技术已经融入现今的社会生活。

1. 存储云

存储云,又称云存储,是在云计算技术上发展起来的一种新的存储技术。云存储是一个以数据存储和管理为核心的云计算系统。用户可以将本地的资源上传至云端,并可以在任何地方连入互联网来获取云上的资源。大家所熟知的谷歌、微软等大型网络公司均有云存储的服务,在国内,百度云、阿里云和微云则是市场占有量最大的存储云。存储云向用户提供了存储容器服务、备份服务、归档服务和记录管理服务等,大大方便了使用者对资源的管理。

2. 医疗云

医疗云,是指在云计算、移动技术、多媒体、5G 通信、大数据及物联网等新技术基础上,结合医疗技术,使用"云计算"来创建医疗健康服务云平台,实现医疗资源共享和医疗范围扩大的技术。因为云计算技术的运用与结合,医疗云提高了医疗机构的效率,方便居民就医。目前医院的预约挂号、电子病历、医保等都是云计算与医疗领域结合的产物,医疗云还具有数据安全、信息共享、动态扩展、布局全国的优势。

3. 金融云

金融云,是指利用云计算的模型,将信息、金融和服务等功能分散到由庞大分支机构构成的互联网"云"中的技术,旨在为银行、保险和基金等金融机构提供互联网处理和运行服务,同时共享互联网资源,从而解决现有问题并且达到高效、低成本的目标。现在基本普及了的快捷支付,因为金融与云计算的结合,只需要在手机上简单操作,就可以完成银行存款、购买保险和基金买卖。现在,不仅仅阿里巴巴推出了金融云服务,像苏宁金融、腾讯等企业都推出了自己的金融云服务。

4. 教育云

教育云,实质上是指教育信息化。教育云可以将所需要的教育硬件资源虚拟化,然后将其传入互联网中,以向教育机构和学生老师提供一个方便快捷的平台。现在流行的慕课就是教育云的一种应用。慕课 MOOC,指的是大规模开放的在线课程。在国内,中国大学 MOOC 也是非常好的平台。在 2013 年 10 月 10 日,清华大学推出 MOOC 平台——学堂在线,现在已有许多大学使用学堂在线开设的课程了。

总之,云计算的应用不止于商用,已经进入每个人的生活,甚至人们的衣食住行及娱乐等各个方面。

7.1.4 熟悉基于国产平台的云计算全栈架构

1. 阿里云计算全栈架构

阿里云旨在为政企、运营商等行业客户提供一致的阿里云服务体验，以及强大的云计算技术。阿里云专有云可有助于实现各方面的业务改进，多个方面的业务连续性。例如，实现公司信息化系统的故障排除、热升级功能、自动化运维，提高应用开发效率，提高系统的扩展、运行和维护效率，以及提高对业务需求的响应速度等。

2. 华为云计算全栈架构

华为云致力于提供稳定可靠、安全可信、可持续创新的云服务，赋能应用、使能数据。华为云秉承开放的弹性云计算理念，推出了 FusionCloud 云，提供了云数据中心、云计算产品、云服务解决方案等。

3. 百度智能云计算全栈架构

百度智能云以云计算为重要的核心基础，由人工智能、大数据、区块链、物联网等技术构成业务基础。百度智能云在"以云计算为基础，以人工智能为抓手，聚焦重要赛道"的全新指引下，推动产业智能化发展，成为加速 AI 工业化大生产的关键力量。

4. 腾讯云计算全栈架构

腾讯云 TStack 自 2012 年在腾讯内部上线以来，始终秉承专业服务的理念，把握用户最新的需求，感受市场动态的变化，打造了自助平台、运维平台和监控平台三位一体的 TStack 综合云解决方案。2019 OpenInfra Days China 峰会上，腾讯发布了云原生平台 TCNPlatform，它是基于腾讯云容器服务 TKEStack 和微服务治理平台 TKEMesh 打造的云原生平台，可以实现应用的微服务改造，帮助用户降低成本，提高效率。腾讯云 TStack 正致力于打造私有全栈云生态，赋能"新基建"的同时，助力企业的数字化转型。

7.2 物联网

 场景 ● ● ●

早在 2005 年，国际电信联盟的一份报告曾描绘"物联网"时代的图景：当主人携带公文包出门时，公文包会提醒主人忘记带了哪些东西；当司机在驾驶过程中出现了操作失误时，汽车会自动报警以警告司机的错误行为；连生活中最常见的衣服，也会在清洗时告知洗衣机其特殊的洗涤需求，如颜色和水温等。在此基础上，人类可以通过更加精细和动态的方式管理生产和生活，达到"智慧"状态，提高资源利用率和生产力水平，改善人与自然之间的关系。

 想一想 ●●●

"物联网"时代来临将使人们的日常生活将发生翻天覆地的变化。物联网把新一代信息技术充分运用在各行各业之中。想要了解物联网的整体运作，首先需要明白物体是如何实现信息的获取和发送的，然后进一步思考物联网有哪些特征并且是如何与现有的互联网进行整合的，最后从整体的角度中探寻物联网的体系结构并总结其中有哪些技术支持，全面掌握物联网是如何实现人类社会与物理系统的整合的。

7.2.1　物联网的概念

物联网（The Internet of Things）的概念源于 1999 年，美国麻省理工学院 Auto-ID 实验室将其定义为：把所有物品通过射频识别等信息传感设备与互联网连接起来，实现智能化识别和管理的技术。当时的物联网技术仅限于无线射频识别（RFID）和互联网。随着物联网不断发展，其技术体系逐渐丰富，概念也逐渐丰富且明晰。

如今，人们所说的物联网通常是指通过各种传感器、无线射频识别技术、全球定位系统、红外感应器、激光扫描器等各种装置与技术，实时采集任何需要监控、连接、互动的物体或过程，采集其声、光、热、电、力学、化学、生物和位置等各种需要的信息，通过各类可能的网络接入，实现物与物、物与人的泛在连接，实现对物品和过程的智能化感知、识别和管理。

物联网的基本特征有 3 个，分别是全面感知、可靠传递和智能处理，见表 7-1。

表 7-1　物联网的基本特征

特征	内涵
全面感知	物联网技术可以利用无线射频识别、传感器、定位器和二维码等手段随时随地对物体进行信息采集和获取
可靠传递	通过各种电信网络与互联网的融合，对接收到的感知信息进行实时远程传送，实现信息的交互和共享，并进行各种有效的处理。在这一过程中，通常需要用到现有的电信运行网络，包括无线或有线网络
智能处理	利用云计算、模糊识别等各种智能计算技术，对海量的数据和信息进行分析和处理，对物理世界实施智能化的控制，实现智能化的决策和控制

目前，物联网还没有一个被广泛认同的体系结构，但是人们可以根据物联网对信息感知、传输、处理的过程将其划分为三层结构，即感知层、网络层和应用层。其体

系结构如图 7-1 所示。

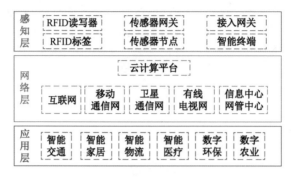

图 7-1　物联网的体系结构

7.2.2　物联网的发展历程及趋势

"物联网"这一概念非常年轻，至今发展历程不过 30 年左右，但是全世界对物联网都有着极高的重视程度。1990 年，物联网首次应用于可乐贩卖机上，用来监控可乐的数量及冰冻情况；1995 年，比尔·盖茨也在其所著的《未来之路》中提及物联网，但并未引起广泛的关注，1999 年 MIT 教授 Kevin Ashton 首次提出物联网的概念。

2000 年后，物联网才真正受到广泛的关注。在技术上的支持下，物联网取得了阶段性的成果，物联网总体性标准被确定。随着计算机技术及通信技术的日渐成熟，物联网迎来了发展机遇，中国、美国、韩国及日本等多个国家和地区相继提出物联网发展战略，将其作为未来经济发展的主要推动力。

物联网通过智能感知、识别技术与普适计算、泛在网络的融合应用，被称为继计算机、互联网之后世界信息产业发展的第三次浪潮。物联网被视为互联网的应用拓展，信息技术的应用创新是物联网发展的核心，以用户体验为核心的创新是物联网发展的灵魂。物联网的应用和发展，有利于促进生产生活和社会管理方式向智能化、精细化、网络化方向转变，极大提高社会管理和公共服务水平，催生大量新技术、新产品、新应用和新模式，推动传统产业升级和经济发展方式转变，并将成为未来经济发展的增长点。

7.2.3　物联网的应用场景

1. 智能仓库管理系统

物联网技术的发展为现代制造企业实行精细化管理提供了可靠的手段。以产品为主线，以条码技术为手段，从计划开始，对产品的物料、生产过程、半成品、成品实行自动识别、记录和监控，实施全透明的管理，在生产中预防、发现和及时改正错误，事后也可以对产品进行追溯，清晰地查询到产品的真伪、去向、存储、工序记录、生产者、质检者和生产日期等信息，分析不良产品产生的原因。由此，智能仓库管理系统应运而生。

　　智能仓库管理系统采用 RFID 智能仓库管理技术，系统优势是读取方便快捷，实现物流仓储的智能化管理。换而言之，智能仓库管理系统是针对复杂的物资仓储管理业务设计开发的一款智能化管理软件，通过实时采集物资周转各节点详细信息，实现物资从实物移动到财务记账的全周期管理。该系统基于供应链管理总成本最优的理念进行设计，通过标签/条码及 RFID 设备的应用，充分利用物联网和移动互联技术，对储位和物资进行数字化标识和智能感知，提高了各环节作业效率和精准度，信息实时共享，加快了物资周转，提高了保供服务水平并不断优化库存结构，降低了库存成本。如图 7-2 所示为智能仓库管理演示图。

图 7-2　智能仓库管理演示图

　　面对当前信息化、数据化、科技化的市场经济发展趋势，企业想要建立和保持自身的竞争优势，需要通过信息化的改造及信息化管理的引入、信息化与制造装备的结合，不断提高企业的生产效率、信息管理水平、质量管理水平，让数据转化为企业价值，这样才能事半功倍地提高企业核心竞争力。

　　在学习智能仓库管理系统的应用流程前，首先来了解一下智能仓库区域划分，具体内容见表 7-2。

表 7-2　智能仓库区域划分

区域	用途
仓储区	批量存储整箱货物，收到整箱订单可直接拣出发货
打包区	对完成后的订单复核、打包。标准尺寸包裹可机械打包，非标准尺寸需手工打包
拣选区	对于散货订单，需将仓储区整箱货物拆零缓存于拣选区，拣选区根据订单拣货
分拣区	按装车规则对包裹进行自动分拣出货，等待出库

　　智能仓库管理系统的构成分为 4 个部分，分别是入库、出库、库存盘点、货物区域定位与转移。

　　（1）入库。

　　当货物通过进货口传送带进入仓库时，读写器将经过压缩处理的整个托盘货箱条码信息写入电子标签中，然后通过计算机仓储管理信息系统计算出货位，并通过网络系统将存货指令发到叉车车载系统，按照要求存放到相应货位。

（2）出库。

叉车接到出货指令，到指定货位叉取托盘货物。叉取前叉车读写器再次确认托盘货物的准确性，然后将托盘货物送至出货口传送带，出货口传送带读写器读取托盘标签信息是否准确，校验无误后出货。

（3）库存盘点。

仓库内读写器实时读取在库货物标签信息，核对实时盘点数据与数据库中统计的仓储信息是否一致。

（4）货物区域定位与转移。

仓库内读写器实时读取货物标签信息，控制中心根据读卡器网络判断各个货物的存放区域，统计仓库使用情况，并据此安排新入库货物存放位置。

2. 智能交通系统

智能交通系统（Intelligent Transportation System，ITS）是一个基于现代电子信息技术面向交通运输的服务系统。它是以完善的交通设施为基础，将先进的信息技术、数据通信技术、控制技术、传感器技术、运筹学、人工智能和系统综合技术有效地集成应用于交通运输、服务控制和车辆制造，加强车辆、道路、使用者三者之间的联系，从而形成一种定时、准时、高效的综合运输系统，从而使交通基础设施发挥出最大的效能，提高服务质量。

以每年汛期为例，持续的暴雨常常给城市带来麻烦，导致积水严重和交通拥堵。由于缺乏及时的预警信息，城市洪涝与道路积水都会给民众造成很大的人身伤害或财产损失。面对积水问题，高德地图与中国气象局公共气象服务中心合作推出了积水地图 AI 版，借助大数据、人工智能等科技手段，在全国主汛期来临之前，在可能出现恶劣天气时可实时预测城市道路积水点，并对受影响的民众进行及时提醒和出行调度，保护民众在汛期安全出行，减少不必要的伤害与损失。当用户看到积水信息时，就可以提前避开此路段，避免道路拥堵或车辆涉水；若用户没有注意到积水信息，高德地图也可通过多种方式及时提醒可能受影响的出行用户，并在出行规划和导航时，及时帮助人们避开相关涉水路段。

智能交通系统由 6 个部分构成，分别是公共交通服务系统、交通信息服务系统、交通管理系统、车辆控制系统、电子收付费服务系统和紧急救援系统。

（1）公共交通服务系统。

公共交通服务系统的主要目的是改善公共交通的效率，包括公共汽车、地铁、轻轨地铁、城郊铁路和城市间的长途公共汽车，使公共交通服务系统实现安全、便捷、经济、运量大的目标。

（2）交通信息服务系统。

交通信息服务系统需要建立在完善的信息网络基础上，交通参与者通过装备在道路上、车上、换乘站上、停车场上及气象中心的传感器和传输设备，向交通信息中心提供各地的实时交通信息。

（3）交通管理系统。

交通管理系统通过先进的监测、控制和信息处理等子系统，向交通管理部门和驾驶员提供对道路交通流进行实时疏导、控制和对突发事件应急反应的功能。例如，它将对道路系统中的交通状况、交通事故、气象状况和交通环境进行实时监视，根据收集到的信息，对交通进行控制，包括信号灯、发布引导信息、道路管制、事故处理与救援等。

（4）车辆控制系统。

车辆控制系统可以分为两个层次：一是车辆辅助安全驾驶系统，二是自动驾驶系统。该系统通过安装在汽车前部和旁侧的雷达或红外探测仪，可以准确地判断车与障碍物之间的距离，遇紧急情况时车载电脑能及时发出警报或自动刹车避让，并根据路况自己调节行车速度，人称"智能汽车"。

（5）电子收付费服务系统。

道路收取通行费是道路建设资金回收的重要渠道之一，但是随着交通量的增加，收费站运营效率面临巨大的挑战，电子收付费服务系统就是为了解决这个问题而开发的。

不停车收费系统（Electronic Toll Collection，ETC）是目前世界上最先进的路桥收费方式。通过安装在车辆挡风玻璃上的车载电子标签与在收费站ETC车道上的微波天线之间的微波专用短程通信，利用计算机联网技术与银行进行后台结算处理，从而达到车辆通过路桥收费站无须停车而能交纳路桥费的目的。

（6）紧急救援系统。

紧急救援系统是一个特殊的系统，它的基础是交通信息服务系统、交通管理系统和有关的救援机构和设施，通过交通信息服务系统和交通管理系统将交通监控中心与职业救援机构联系成有机的整体，为道路使用者提供车辆故障现场紧急处置、拖车、现场救护、排除事故车辆等服务。

7.3 大数据

📽 场景 ●●●

近年来，"大数据"已成为一个新的无处不在的术语。大数据正在改变着科学、工程、医学、保健、金融和商业，并最终改变社会本身。2012年国际金融论坛发布了《大数据，大影响——国际发展新趋势》的报告，首次在国际层面上给予"大数据"高度关注，并认为大数据发展会深刻影响着人类社会的移动金融服务、教育、健康、农业等领域。在我国，2015 年国务院发布了《促进大数据发展行动纲领》，将大数据技术发展与惠及全民的民生服务体系和培育高端智能、新兴繁荣的产业生态发展联系了起来。

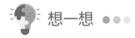 想一想 ●●●

数据的泛滥是信息数字化时代的表现特征，数据的治理与数据挖掘可以有效地管理并挖掘数据深层次价值。随着人们生活被网络数字化，每个人与物的状态变化更多地通过数据形式分享，并转化为数据动态化处理或存储记录。例如，阿里巴巴根据商业价值对商品的交易数据、社交数据、信用数据、移动数据，不断地将数据转变为易使用的数据资源；腾讯、字节跳动等公司则善于在用户关系、社交关系、商业发现、身体健康等领域进行不断的数据分析进而预测未来。互联网大数据将互联网金融业务与个人用户的日常消费行为、地理位置、社交关系等数据联系起来已经成了现实，但同时也给个人信息安全带来了挑战。本节中，将深入讲解大数据关键技术和产业应用发展趋势。

7.3.1 大数据的概念

大数据通常是指规模超过通用软件工具处理能力或一般工作时间处理的数据集。随着技术的发展，人们对大数据的规模定义也在不断变化。从大数据备受世界关注的 2012 年评估，普遍认为 TB 级别数据可被认为大数据，目前大数据的数据处理规模已经上升到了 ZB 级别。

大数据技术发展主要呈现出以下 4 个特征。

（1）数据量大（Volume）。

数据量大，包括采集、存储和计算的量都非常大，数据集计量单位通常为 TB（1024GB）、PB（1024TB）、EB（1024TB）和 ZB（1024EB）。

（2）类型繁多（Variety）。

大数据的数据类型趋于多样化，数据结构方面包括结构化、半结构化和非结构化数据，具体表现为文本、网络日志、音频、图片、视频等，多类型数据的处理对数据的计算能力提出了更高的要求。

（3）价值密度低（Value）。

大数据由于数据规模大、类型复杂，通常结构化数据量占比较少，且数据间关联度较低，因此说数据价值密度相对较低。随着互联网技术、物联网技术的发展，挖掘大规模数据价值成为主要研究对象。

（4）速度快、时效高（Velocity）。

大数据对实时数据处理提出了更高的要求，移动互联网 5G/6G 信息传输技术为用户数据快速请求提供了更多可能。低延时、高速、大数据量的数据处理成为未来技术发展主要趋势，如个性化推荐、自动驾驶导航等领域都需要高速低延时的数据处理速度。大数据技术除处理速度快之外，同时强调高时效，即在线的数据处理（Online Computation），区别于离线计算和离线分析，在线的大数据应用也成为区别于传统数据技术最大的特征。比如，对于自动驾驶过程，不仅需要低延时的导航，还要保证路况和环境识别过程中数据计算实时在线。毋庸置疑，互联网金融交易、在线医疗模拟诊断、互联网游戏等领域都需要大数据技术在线服务。随着 2022 年，"元宇宙"概念爆发，对于虚拟现实和用户的实时在线行为和用户交互都需要大数据技术作为基础保障，可以预见，未来大数据技术将成为未来人类生活中必不可少的重要资源。

7.3.2 大数据的关键技术

1. 大数据存储（Distributed File System）

大数据存储在底层架构和文件系统性能上远远超越了传统技术，因为网络附着存储系统（NAS）和存储区域网络（SAN）等体系，存储和计算的物理设备分离，通过网络接口连接，导致了数据密集型计算（Data Intensive Computing）的 I/O 瓶颈。

2003 年 Google 公开发表谷歌文件系统（GFS）的论文，GFS 和 Hadoop 的分布式文件系统 HDFS（Hadoop Distributed File System）奠定了大数据存储技术的基础。与传统系统相比，GFS/HDFS 将计算和存储节点在物理上结合在一起，避免在数据密集计算中易形成的 I/O 数据输入/输出的制约，分布式存储系统同样也采用了分布式架构，能实现较高的并发能力。

HDFS 在大文件追加（Append）写入和读取时具有较大的性能，但是随着大数据技术的不断发展，随机的（random access）、海量的小文件频繁地写入与读取，工作效率较低，因此需要对下一代基于 SSD 信息存储体系架构的分布式文件系统进行改进。

大数据存储管理系统还需要对大规模数据的系统进行管理。2006 年 Google 公司公开发表 BigTable 论文，2008 年 Hbase 诞生，这些关于非关系型数据库（Not only SQL，NoSQL）技术使用"键-值（key-value）"对、文件等非二维表的数据结构。2012 年 Google 披露了 Spanner 数据库，目标支持 SQL 接口并把关系型数据库的便捷性和非关系型数据库的灵活性结合起来，研发融合性存储管理系统。2017 年 5 月，Google Cloud Spanner 面向社会公开发布，这项产品是云关系数据库的替代方案，包括 Azure SQL、Amazon Aurora、IBM DB2 托管和 Oracle 数据库云服务，以及常用的开源 Web 和云应用程序数据库，如 MySQL 和 PostgreSQL。同时，Spanner 结合了 NoSQL 和 SQL 特征，因此它也可以归类为 NewSQL 数据库，目前在市场上与 CrateDB、NuoDB、内存数据库管理系统 MemSQL、CockroachDB 等新一代大数据存储产品产生竞争。

2. 大数据并行计算（Parallel Computing）

大数据的计算是数据密集型计算，对计算单元和存储单元间的数据吞吐率要求极高，对性价比和扩展性的要求也非常高。传统依赖大型机和小型机的并行计算系统不仅成本高，数据吞吐量也难以满足大数据处理需求，同时靠提升单机 CPU 性能、增加内存、扩展磁盘等实现硬件性能提升的纵向扩展（Scale Up）的方式也难以支撑平滑扩容。

Google 公司 2004 年公开了 MapReduce 分布式并行计算技术论文，之后出现的开源实现 Apache Hadoop MapReduce 是谷歌 MapReduce 的开源实现，目前已经成为目前应用最广泛的大数据计算软件平台。MapReduce 架构能够满足"先存储后处理"的离线批量计算（Batch Processing）需求，但也存在局限性，其最大的问题是时延过大，难以适用于机器学习迭代、流处理等实时计算任务，也不适合针对大规模图数据等特定数据结构的快速运算。如图 7-3 所示为大规模分布式并行计算的主要技术方案。Yahoo 提出的 S4 系统、Twitter 提出的 Storm 系统是针对"边到达边计算"的实时流计算（Real Time Streaming Process）框架，可在一个时间窗口上对数据流进行在线实时分析，已经在实时广告、微博等系统中得到应用。谷歌的 Dremel 系统是一种交互分析（Interactive Analysis）引擎，几秒就可完成 PB 级数据查询操作。此外，还出现了将 MapReduce 内存化以提高实时性的 Spark 框架、针对大规模图数据进行了优化的 Pregel 系统等。

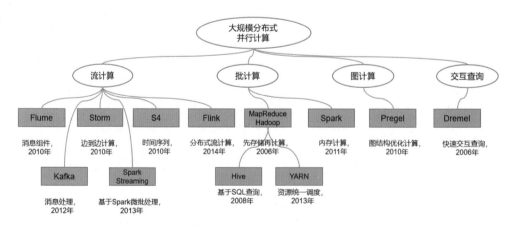

图 7-3　大规模分布式并行计算的主要技术方案

3. 资源管理（Resources scheduling framework）

在早期，MapReduce 既是计算引擎，同时又是资源调度框架。基于 Hadoop 生态的大数据技术，在 Hadoop 2.0 之后引入了 YARN 作为核心组件进行资源管理和调度，但仍然存在一些问题。

① 资源弹性不足，无法按需自动扩容。

② 有空闲资源无法通知队列进程，容易造成资源浪费。

③ 不适用于云迁移过程中资源负载分配。

④ 系统管理缺少统一管理接口，以及磁盘、路由、网络的管理能力。

⑤ 调度器上锁算法降低了资源并发性。

2015 年，Mesoso 成为 Apache 开源分布式管理框架，Mesos 可以将整个数据中心的资源（包括 CPU、内存、存储、网络等）进行抽象和调度，保障多个应用同时运行在集群中分享资源。Mesos（资源管理）、Docker（应用容器）、Marachon/Chronos（任务调度管理）、RabbitMQ（消息队列管理）、HDFS（文件系统）/Ceph（分布式文件系统）构成了完整的分布式系统。除了上述的分布式系统组件，通常还涉及 HAproxy（负载均衡）、ZooKeeper（分布式系统发现/地址接口管理）、Ganglia（系统性能监控）、Zabbix（分布式服务监控 web 开源组件）等。Mesoso 技术仍然存在如下不足。

① 调度器没有对微服务进行抽象。

② 应用无法感知集群整体资源的使用情况，只能等待上层调度推送信息，并发量降低。

③ 资源分配采用轮询、ResourceOffer 机制，在分配过程中使用悲观锁，并发粒度小。

2014 年 6 月，谷歌公司公布了 Kubernetes 项目，对于资源弹性不足的问题，Kubernetes 可以通过弹性扩缩容来实现业务高峰时的快速扩容,避免为了应对业务高峰预留过多的资源。首先，Kubernetes 支持更加细粒度的资源划分，这样可以尽量做到资源能用尽用，最大限度地按需使用。其次，支持更加灵活的调度，并根据业务 SLA 不同，通过资源的超卖和混合部署来进一步提升资源使用率。另外，对 CPU、内存、网络 IO 等设备资源具有完整的隔离技术支持。最后，大数据组件众多，如文件存储系统、NoSQL 数据库、计算框架、消息中间件、查询分析等，见表 7-3，这些组件都支持部署到 Kubernetes 上。

表 7-3　大数据代表性组件

大数据组件	代表性组件	主要作用
文件存储系统	HDFS	文件系统
NoSQL 数据库	HBASE、MongoDB	非关系型数据库
计算框架	Hadoop、MapReduce、Spark、Storm、Flink	数据计算

续表

大数据组件	代表性组件	主要作用
消息中间件	Kafka、ZeroMQ、RabbitMQ	消息存储和转发
查询分析	Hive、Impala、Druid	数据查询分析

正是由于 Kubernetes 对以上大数据代表性组件对的支持，使得技术逐渐完善成熟，提升了大数据运维管理和资源使用效率。2015 年 Google 公司推出云托管 Kubernetes 服务（GKE），但是 Kubernets 作为一个容器技术具有相当高的复杂性和应用门槛。为了提高技术易用性，2021 年谷歌推出了 GKE Autopilot 基础架构，Autopilot 模式的操作会自动应用最佳实践，并且可以消除所有的节点管理操作，使集群的效率最大化，并有助于提供更强大的安全态势。

4. 大数据挖掘（Mining of massive data）

数据挖掘一般是指"数据模型"的发现过程，数据分析和数据挖掘是大数据技术的主要应用领域。这一技术领域主要涉及改进已有数据挖掘和机器学习技术并应用，开发数据网络挖掘、特异群组挖掘、图挖掘等新型数据挖掘技术，知识实体识别、消歧、融合、连接技术，用户网络行为分析、情感分析等技术。

现阶段，大数据分析和挖掘主要采用两条技术路线：一是凭借先验知识人工建立数据模型；二是通过建立人工智能系统，通过数据训练得到业务模型。由于机器学习等技术的发展，人工智能方法为复杂问题和业务处理分析提供了可能。数据挖掘技术的主要分类为关联分析、分类、聚类分析、回归、时序序列分析、神经网络。

在过去，历史数据存储在企业数据仓库或为各个业务部门构建的较小数据集市中，然而，现在阶段数据挖掘应用程序通常由历史存储和流数据的数据湖提供服务，并且基于 Hadoop、Spark、NoSQL 数据库或云对象存储服务等大数据平台。

7.3.3　大数据的应用场景

互联网时代给大数据应用带来了很多应用场景。搜索引擎将用户搜索的内容经过大数据处理并生成用户需求的数据；互联网金融根据社交网络、信用和移动数据进行风险评级；社交应用产品根据用户关系进行社交推荐；电商根据用户交易数据进行产品推荐和用户商业推广。从社会个体角度对大数据应用场景进行分类，可分为以下 3 类。

1. 政府大数据（社会服务）

政府负责社会管理职能，掌握着庞大且错综复杂的社会管理数据。社会宏观经济、环境、气象、能源、交通、安全、区域管理、教育等，可运用关联数据综合分析政府工作。目前，全球不少国家已经加入开放政府数据行动，推动公共数据库开放网站，美国数据开放网站 Data.gov 已经超过了 34 万个数据集，国内地方政府数据开放平台有国家统计局网站、北京市政府公共数据开放平台（开放 1.1 万个数据集）和上海市政府公共数据开放平台（5000 余个数据集）。

面向行业层面，行业大数据及市场指数分析、风险管理、电子化招标、供应链金融等增值服务，优化线上交易机制（订单、竞买、竞卖、招标、撮合、挂牌等），基于平台贸易数据整合，可以解决供需双方的信息对称和信用对称问题。

2. 企业大数据（企业或组织）

随着企业管理、生产、财务、人力资源、物流、供应及采购各个关键环节实现信息化，大幅提升了企业管理效益，降低了传统管理成本，目前企业已经离不开数据支撑有效决策。

生产制造型企业目前都面对着生产大数据改造过程中。其中，工业数据从来源上主要分为信息管理系统数据、机器设备数据和外部数据。信息管理系统数据是指传统工业自动化控制与信息化系统中产生的数据，如 ERP、MES 等。机器设备数据是指来源于工业生产线设备、机器、产品等方面的数据，多由传感器、设备仪器仪表进行采集产生。

面向企业用户，大数据服务商都提供了大数据一站式部署方案，覆盖数据中心和服务器等硬件、数据存储和数据库等基础软件、大数据分析应用软件及技术运维支持等方面的内容。当前企业大数据解决方案大多都基于 Hadoop 开源项目。例如，IBM 基于 Hadoop 开发的大数据分析产品 BigInsights、甲骨文融合了 Hadoop 开源技术的大数据一体机、Cloudera 的 Hadoop 商业版等。国内华为、联想、浪潮、曙光等一批 IT 厂商也都纷纷推出大数据解决方案。

3. 社会网络（个人）

社会网络是大数据的重要来源，社会网络中更加侧重于人的个性化分类及相似性计算，不同群体的人的社会网络在营销和社会组织中已经成为普遍的应用。大数据的社会网络研究价值意义更是显而易见，国外具有影响力的 Facebook、Twitter 和国内的微博、字节跳动等企业成功运用社会网络交流平台的功能，通过研究文本、社交传播关系，不断挖掘各种社会网络的商业价值。

从社会层面看，个人是社会活动的主体，也是社会大数据的重要数据来源。人的行为、健康、社交、网购、学习、交通等各个方面被数字化、采集、记录、存储。例如，智能穿戴设备可以采集人体的体温、心跳、运动数据、地理位置等，智能应用可以根据人体大数据分析监测人体健康状态。

7.3.4 国内厂商的大数据产品

1. 鲲鹏大数据产品

华为鲲鹏大数据解决方案的体系构成基于鲲鹏处理器，构建了端到端的打通硬件、操作系统、中间件、大数据软件的全栈体系，并对应进行了全栈性能优化，推动各类技术汇聚成高性能解决方案。例如，鲲鹏 920 处理器是华为自研的基于 ARM 架构的 7nm 服务器处理器，设计之初，便为大数据处理及分布式存储等应运而生。

2019 年 10 月，搭载鲲鹏 920 处理器的 1300 万亿次高性能计算平台在沈阳落地；12 月份，华为官宣了全新的鲲鹏服务器主板和鲲鹏台式机主板，这两款产品均搭载的是鲲鹏 920。另外，搭载华为鲲鹏 920S 处理器的 "太行 220"、黄河鲲鹏服务器采用国内的中标麒麟、深度操作系统相继问世。

2. Apache Kylin

Apache Kylin，中文名麒麟，2014 年开源，2015 年成为 Apache 顶级项目，是首个完全由中国团队设计开发的 Apache 顶级项目，2016 年 Kylin 开发成员创建了 Kyligence 公司主要推动项目和社区发展。

因为 Hadoop 产品在交互式查询方面的缺陷，Kylin 目标解决这些问题，因此提供 Hadoop 之上的 SQL 查询接口及多维分析（OLAP）能力以支持大规模数据，能够处理 TB 乃至 PB 级别的分析任务，能够在亚秒级查询巨大的 Hive 表，并支持高并发。Kylin 从数据仓库中最常用的 Hive 中读取源数据，使用 MapReduce 作为 Cube 构建的引擎，并把预计算结果保存在 HBase 中，对外暴露 Rest API/JDBC/ODBC 的查询接口。因为 Kylin 支持标准的 ANSI SQL，所以可以和常用分析工具（如 Tableau、Excel等）进行无缝对接。目前，国内外很多公司（如 ebay、银联、百度等）使用了 Kylin 技术作为大数据生产环境中的组件。

3. 阿里云大数据

以数据分析过程与数仓系统结合为目标，2015 年的 12 月，阿里巴巴完成建立了统一大数据仓库平台 MaxCompute。MaxCompute 是批处理计算，在实时计算方面基于 Flink 等技术，阿里巴巴同样开发了 StreamCompute 流式计算平台和数据整合管理体系（OneData）。

2020 年阿里巴巴发布新一代实时交互引擎 Hologres。从架构方面观察，最底层是大数据存储系统，如 Pangu、业务系统的 HDFS 或 OSS、S3 等；存储层上面是计算层，再往上是 FE 层，根据查询信息将 Plan 分配给各个计算节点，再往上与 PostgreSQL 生态对接。Hologres 应用方面可以配合 Flink 使用，即 Flink 提供流计算或批数据的 ETL 处理，处理后的数据进入 Hologres 提供统一的存储和查询。

7.4 工业互联网

场景 ●●●

　　西门子的安贝格电子制造工厂每天要完成 350 次生产切换，产品组合包含约 1200 种不同的产品，每年要生产 1700 万个电子设备组件。同时安贝格电子制造工厂需要评估并使用 5000 万条过程与产品数据来实现不断优化以保障工厂的稳定运行。此外，工厂还应用了人工智能和工业边缘计算等突破性技术，加上云解决方案，共同助力实现高度灵活且高效可靠的生产程序。在安贝格电子制造工厂，硬件和软件的解决方案、通信技术、网络安全等以最优化的方式相互协作。这使安贝格工厂成为西门子数字化企业解决方案的典范。

想一想 ●●●

　　安贝格电子制造工厂中很多以往依赖于人力进行的重复操作和经验型操作逐步被智能化设备所"代劳"，而要高效地运用这些智能设备，就依赖于各种信息技术对不同数据信息的抓取、计算和传输了。西门子的安贝格电子制造工厂是信息技术在工业互联网中应用的一个典型案例，那么到底什么是工业互联网，而信息技术又是如何融合在其中的呢？

7.4.1 工业互联网的概念

　　工业互联网（Industrial Internet）是新一代信息通信技术与工业经济深度融合的新型基础设施、应用模式和工业生态，通过对人、机、物、系统等的全面连接，构建起覆盖全产业链、全价值链的全新制造和服务体系，为工业乃至产业数字化、网络化、智能化发展提供了实现途径，是第四次工业革命的重要基石。

　　工业互联网不是互联网在工业中的简单应用，而是具有更为丰富的内涵和外延。它以网络为基础、平台为中枢、数据为要素、安全为保障，既是工业数字化、网络化、智能化转型的基础设施，也是互联网、大数据、人工智能与实体经济深度融合的应用模式，同时也是一种新业态、新产业。

　　当前，工业互联网已成为发达国家推进"再工业化"策略、抢占新一轮科技革命和产业变革制高点的必争之地，更是我国深入推进供给侧结构性改革，助力我国工业面向数字化、网络化、智能化新旧动能转换，实现制造企业转型升级的重要机遇。

工业互联网包含了网络、平台、数据、安全4大体系，见表7-4。

表7-4　工业互联网的构成体系

构成体系	内涵
网络体系	工业互联网的基础，包括网络互联、数据互通和标识解析3部分
平台体系	工业互联网的中枢，包括边缘层、IaaS、PaaS和SaaS四个层级，相当于工业互联网的"操作系统"，有4个主要作用：数据汇聚、建模分析、知识复用和应用创新
数据体系	工业互联网的要素，工业互联网数据有3个特性：重要性、专业性和复杂性
安全体系	工业互联网的保障，工业互联网的安全体系涉及设备、控制、网络、平台、工业App和数据等多方面网络安全问题，该体系的核心任务就是要通过监测预警、应急响应、检测评估和功能测试等手段确保工业互联网的健康、可持续发展

7.4.2　我国工业互联网的发展概述

目前，我国的工业互联网仍处于起步与探索的阶段，但市场整体态势良好，发展势头猛劲，主要呈现为两个特点。

第一，我国工业互联网发展的机遇与挑战并存。全球的ICT企业、制造企业、互联网企业具有各自不同的优势，从各自的角度搭建与之适应的工业互联网平台，我国的工业互联网平台虽然成立时间短，但发展迅速，正朝着技术化、管理化、商业化等模式方向发展，并取得了显著的进展。工业互联网的发展对我国的制造业转型升级、工业提升经济实力具有重要推动作用，其本身蕴含着巨大的商机。可见发展工业互联网的机遇是可遇而不可求的，其能够实现服务型制造企业的更多连接，能够提高工业企业的附加价值，并实现服务的延伸。

第二，行业发展存在不足。我国的工业互联网与发达国家相比，存在着很大差距，主要表现为工业互联网产业支撑不足、核心技术与综合能力不强，体系也尚不完善，其数字化和网络化水平低，人才支撑和安全保障不足，缺乏龙头企业的引导等。

我国的工业互联网在整个制造业的发展过程中起到了关键的作用，我国未来的工业互联网发展前景是可观的，为促进我国工业互联网更好更快的发展，还必须借助全球资源，坚持"走出去，引进来"的发展模式，实现我国工业互联网的高质量发展。

就我国工业互联网的发展趋势而言，大致分为3个方面。

第一，我国工业互联网的市场规模逐渐扩大。2013年工业互联网市场规模达207亿，2015年市场规模达2800亿元，2017市场规模达5700亿元，2018—2020年则出现了爆发式的增长，未来五年内将有望达到万亿元级别。

第二，我国的制造业企业已经成为工业互联网的重要参与者。近年来我国的工业互联网平台迅速发展，尤其是工业互联网在各维度都获得了较好较快的发展，工业互联网实现了互联互通，实现了数据的无缝集成。

第三，我国的制造业企业参与工业互联网的路径多样化，创新了多种工业互联网平台模式。我国的工业互联网平台在推动企业降本增效、增强企业生产能力、帮助企业服务转型和帮助企业搭建产业体系等方面发挥了重要的作用，已经成为我国的工业企业不可或缺的硬件和软件设施平台。

7.4.3 工业互联网与信息技术

5G、人工智能等新一代信息技术与工业互联网的融合正在经历由点到面、从易到难的发展阶段。主动拥抱工业互联网的不只是上述的人工智能，5G、虚拟现实和区块链等新技术也在广泛地与工业互联网相融合。5G 技术凭借高速、低延迟等特性，正成为助力工业加速采用智能制造的关键技术。此外，基于 5G 还可以叠加诸如人工智能（AI）、虚拟现实（VR）和超高清显示等多样化的创新信息技术，从而在工业互联网领域创造出更多的应用场景，助力信息技术和工业互联网的深度融合。

工业互联网融合应用推动了一批新模式、新业态的孕育和兴起，提质、增效、降本、绿色和安全发展成效显著，初步形成了 6 类典型应用模式，即平台化设计、智能化生产、网络化协同、个性化定制、服务化延伸和精益化管理，具体内容见表 7-5。

表 7-5　典型应用模式

典型应用模式	具体内容
平台化设计	依托工业互联网平台，汇聚人员、算法、模型、任务等设计资源，实现高水平高效率的轻量化设计、并行设计、敏捷设计、交互设计和基于模型的设计，变革传统设计方式，提升研发质量和效率
智能化生产	互联网、大数据和人工智能等新一代信息技术在制造业领域加速创新应用，实现材料、设备和产品等生产要素与用户之间的在线连接和实时交互，逐步实现机器代替人生产。值得注意的是，智能化代表制造业未来发展的趋势
网络化协同	通过跨部门、跨层级、跨企业的数据互通和业务互联，推动供应链上的企业和合作伙伴共享客户、订单、设计、生产和经营等各类信息资源，实现网络化的协同设计、协同生产和协同服务，进而促进资源共享、能力交易及业务优化配置
个性化定制	为了应对消费者的个性化需求，工业互联网推动企业与用户深度交互，可灵活组织设计制造资源与生产流程，实现了低成本条件下的大规模定制，满足市场的多样化需求
服务化延伸	企业从原有制造业务向价值链两端高附加值环节进行延伸，即从以加工组装为主向"制造+服务"转型，从单纯出售产品向出售"产品+服务"转变，具体包括产品远程运维、设备融资租赁、设备健康管理、分享制造和互联网金融等
精益化管理	基于全面连接、区域协同、全局优化，提高经营管理的效率，提升实时决策支撑水平，领先企业通过工业互联网联合创新，降本增效提质明显

7.4.4 工业互联网的应用场景

1. 远程设备操控

远程设备操控通常通过网络才能进行，位于本地的终端平台是操纵指令的发出端，称为主控端或客户端，非本地的被控设备叫作被控端。

就信息技术在工业互联网的远程设备操控场景应用而言，现阶段企业通常综合利用移动通信、自动控制、边缘计算等技术建设或升级设备操控系统，通过在工业设备、摄像头、传感器等数据采集终端上内置相关设备，从而实现工业设备与各类数据采集终端的网络化。设备操控员可以通过网络远程实时获得生产现场的全景、高清视频画面和各类终端数据，同时通过设备操控系统实现对现场工业设备进行实时精准操控，有效保证控制指令快速、准确、可靠执行。

2. 设备协同作业

随着自动化及智能控制技术的发展，越来越多的工作机器人开始被应用于一些传统的工作中。在常规的工作中，由于工作量较大，为了提高工作效率，常常需要采用多个相同的设备同时进行工作，以降低整体工作量的完成时间。然而在现有技术中采用多个设备共同进行工作时，由于各设备之间缺乏通信联系，造成各个设备各自为战的局面，难免会出现工作重复的现象，造成资源浪费并降低整体工作效率。

为了解决上述问题，信息技术落地工业互联网中的设备协同作业场景，综合利用 5G 授时定位、人工智能、软件定义网络、网络虚拟化等技术，建设或升级设备协同作业系统。基于 5G 工业网关的工业设备支持远程操控，设备之间协同作业流程和调度逻辑清晰，生产现场可实现 5G 网络覆盖，对生产过程或设备状态进行实时监控与故障预测，以便能够及时、准确地对设备状态进行监测，保障设备健康运行，降低维护成本。如图 7-4 所示为设备协同作业的应用场景。

3. 机器视觉质检

机器视觉是随着人工智能快速发展而衍生的一个分支。简单说来，机器视觉是通过特定的摄像设备（如高速相机）来替代人眼进行视觉信息捕捉。机器视觉系统通过机器视觉产品（图像摄取装置）将被摄取目标转换成图像信号，传送给专用的图像处理系统，得到被摄目标的形态信息，根据像素分布和亮度、颜色等信息，转变成数字化信号，图像系统对这些信号进行各种运算来抽取目标的特征，进而根据判别的结果来控制现场的设备动作。需要注意的是，一个完整的机器视觉系统包括镜头、相机、照明、图像采集卡和软件工具等。如图 7-5 所示为机器视觉质检的应用场景。

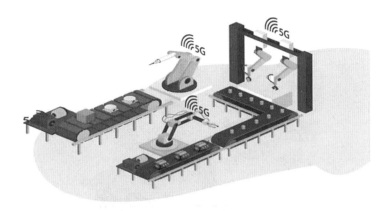

图 7-4 设备协同作业的应用场景

图 7-5 机器视觉质检的应用场景

现阶段，就信息技术在工业互联网的机器视觉质检场景应用而言，不少企业选择在生产现场部署工业相机或激光器扫描仪等质检终端。以 5G 技术为基础，实时拍摄产品质量的高清图像并将相关数据传输至部署在 MEC 上的专家系统，专家系统基于人工智能算法模型进行实时分析，对比系统中的规则或模型要求，判断物料或产品是否合格，实现缺陷实时检测与自动报警，并有效记录瑕疵信息，为质量溯源提供数据基础。同时，专家系统可进一步将数据聚合，上传到企业质量检测系统，根据周期数据流完成模型迭代，通过网络实现模型的多生产线共享。

4. 现场辅助装配

装配现场的物料多以螺丝螺钉、线缆、号码管和线鼻子之类的一些装配辅料为主，这些物料的使用适合直接放在生产现场，因此就需要人工定时清点物料剩余库存。很多小物料外形差不多，虽然做了一些标识，但是生产取料时对操作人员而言，拿错的概率始终存在。对物料本身来说，需要在现场实现"在适当的时间、补入适当数量的物料"。过去，这种希望的实现全部是依靠人的经验，一旦没有及时补料或操作人员经验不足，就会耽误制造进度，对企业的影响较大。

现阶段，就信息技术在工业互联网的现场辅助装配场景应用而言，许多公司为工人提供如 AR 等设备对现场的多种形态的数据进行抓捕，包括现场视频、图像及报错等信息，进一步通过实时信息传输技术将抓捕到的数据传输到已存储了丰富过程积累的平台，由机器进行快速运算再传输返还最佳的解决方案和操作细节给工人，辅助现场操作人员进行装配。如图 7-6 所示为现场辅助装配的应用场景。

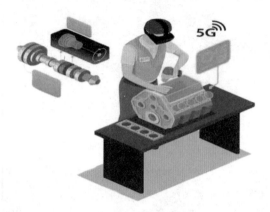

图 7-6　现场辅助装配的应用场景

5．设备故障诊断

设备故障一般是指设备失去或降低其规定功能的事件或现象，表现为设备的某些零件失去原有的精度或性能，使设备不能正常运行、技术性能降低，致使设备中断生产或效率降低而影响生产。以往的设备故障诊断多依赖人力响应和人力经验，所面临的问题是及时性及专业性的。

随着信息技术和工业互联网的发展，设备故障诊断系统利用设备全生命周期监测数据与数据挖掘等技术，实现对设备故障的诊断、定位、报警或动态预测。实现了基本实时的响应和专业性的诊断。

6．厂区智能物流

物流过程管控作为智慧工厂运营管理的典型数字化升级场景，其包含供应商发货、工厂内部周转、客户发货三个环节。利用车联网技术与大数据处理技术将物流车辆的实时地理位置与行车轨迹数据进行实时采集，完成对供应商和客户两个环节的物流过程管控。

工厂智能物流应用主要包括线边物流和智能仓储。线边物流是指从生产线的上游工位到下游工位、从工位到缓冲仓、从集中仓库到线边仓，实现物料定时、定点、定量配送。智能仓储是指通过物联网、云计算和机电一体化等技术共同实现智慧物流，降低仓储成本、提升运营效率、提升仓储管理能力。

目前，智能物流场景部署的基础条件，如企业 AGV、AMR、叉车等物流类设备已完成自动化改造，具备 5G 网络接入能力；物流调度系统具备丰富的接口，可实现各种自动化设备的对接，全厂区实现稳定可靠的 5G 网络覆盖。如图 7-7 所示为厂区智能物流的应用场景。

图 7-7　厂区智能物流的应用场景

7. 无人智能巡检

随着信息技术的高速发展，促进了新经济时代的到来，信息技术的应用加速了知识的传递、加工和更新，提升了有效利用信息的能力，采用智能巡检机器人以更合理、更科学、更贴近实际需要的方式对检测区域进行全方位、多手段融合的综合系统检测，及时地发现设备故障和缺陷，提高设备完好率，降低设备故障率，科学地安排维修、检修及生产运行管理工作，实现巡检与主动安全联动，减少检修费用投入，达到无人巡检、少人值班。

信息化、自动化生产技术高度发达的时代，采用巡检机器人代替人工进行繁重、条件恶劣的巡检工作已是主流之势，巡检机器人具有以下特点。

① 不间断、高频率巡检。

② 智能化数据分析，巡检质量高。

③ 设备状况及运行环境参数全方位监测。

④ 节省人工成本、规避运维人员安全风险。

⑤ 根据巡检情况自动推送维修、检查内容。

智能巡检机器人可以通过自主或遥控的方式，在无人值守下进行巡检，可及时发现设备的热故障、噪声等异常现象，并对四周环境监测，提高运行的工作效率和质量，真正起到减员增效的作用。

8. 生产现场监测

生产现场监测是指在工业园区、厂区、车间等现场，通过部署移动通信技术相关的设备，在此基础上接入各类传感器、摄像头和数据监测终端设备，对生产现场的环境、人员、设备等进行实时监测，并将得到的数据传输至相关监测系统，以达到对生产活动进行高精度识别、自定义报警和区域监控的目的，实现对生产现场的全方位智能化监测和管理，为安全生产管理提供保障。如图 7-8 所示为生产现场监测的应用场景。

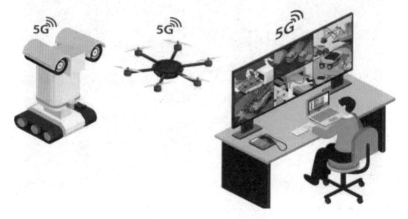

图 7-8　生产现场监测的应用场景

 本章小结

　　新一代信息技术在实际中的应用非常广泛，本章围绕云计算、物联网、大数据及工业互联网等方面进行了讲解。阐述了云计算、物联网、大数据、工业互联网的概念及相应技术的发展趋势；通过相关概念的学习，再进一步了解应用的重点行业与典型应用场景，逐步理解并掌握新一代信息技术在典型应用场景中的相关知识。

思考题

1. 简述国内大数据技术的发展历程。
2. 简述云计算的核心技术及其带来的优势。
3. 为什么说物联网是"技术的第四次产业革命"？
4. 简述智能交通系统的构成。
5. 简述信息技术在工业互联网有哪些重点应用行业及如何进行应用的。
6. 简述信息技术在工业互联网有哪些典型应用场景。